儿童人格心理学

[奥地利] 阿尔弗雷德·阿德勒◎著　　马鸣风◎译

黄河出版传媒集团
阳光出版社

图书在版编目（CIP）数据

儿童人格心理学 / (奥) 阿尔弗雷德·阿德勒著；
马鸣风译. -- 银川：阳光出版社, 2018.11
　ISBN 978-7-5525-4515-9

Ⅰ. ①儿… Ⅱ. ①阿… ②马… Ⅲ. ①儿童心理学－
人格心理学 Ⅳ. ①B844.1

中国版本图书馆CIP数据核字(2018)第256640号

儿童人格心理学
[奥地利]阿尔弗雷德·阿德勒 著　马鸣风 译

责任编辑　金小燕
封面设计　魔童妈妈
责任印制　岳建宁

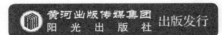

地　　址　宁夏银川市北京东路139号出版大厦（750001）
网　　址　http://www.ygchbs.com
网上书店　http://shop129132959.taobao.com
电子信箱　yangguangchubanshe@163.com
邮购电话　0951-5014139
经　　销　全国新华书店
印刷装订　北京盛通印刷股份有限公司
印刷委托书号　（宁）0011646

开　　本　720mm×1010mm　1/16
印　　张　10.5
字　　数　110千字
版　　次　2018年11月第1版
印　　次　2018年11月第1次印刷
书　　号　ISBN 978-7-5525-4515-9
定　　价　42.00元

第三章

帮助孩子调整心理，塑造健全的人格

第四章

培养社会感情，连接孩子与世界

第一章

01

人格决定
孩子的一生

人格包括一个人的目标，以及为了达成目标的努力方式，它们决定了一个人的生活风格。在人生早期形成的人格，会决定孩子未来的人生方向。

很多父母突然觉得自己养大的孩子有些陌生与可怕，甚至觉得自己已经无力掌控孩子，因为说也不听，骂也没用，曾经乖巧的他们突然变得凶狠，什么方法用在孩子身上都不见效。

为什么父母在说起这些问题时得到的答案都是"已经晚了"？最根本的原因是：他们错过了培养孩子人格的最佳节点。如果孩子没有在童年时期建立良好的人格和生活风格，他们就很难获得良好的生活和成年后构建人生的能力。

第一节 | 四种类型的人格

在一群玩耍的孩子中，有一个孩子说："我让你做什么就得做什么，谁不听我的，就不能玩滑梯。"或者他还会这样说："不许你和别的小朋友玩，不然我就不给你吃草莓蛋糕和巧克力冰激凌。"

值得思考的是，说这些话的孩子真的有掌控其他小孩活动的权力吗？或者他们真的有那么多东西可以提供给其他孩子吗？

孩子为什么会有这样的想法呢？我们不难发现，这些孩子自己也常常遇到类似的威胁。他们对这些威胁感到惧怕，做出妥协，并发现这是一种行之有效的办法，所以在自己的社交中进行模仿。

控制型　控制型人格的人热衷于操控别人，很少顾及别人的感受，社会意识较弱。如果不能支配别人，他们会觉得沮丧，并很难找到存在感。他们追求优越感的欲望会越来越强烈，甚至发展到不惜损害别人的利益而达到自己的目的。儿童时期的他们通过打滚、哭闹的方式让父母屈服。如果不及时矫正，任由控制的欲望发展，当他们成为父母时，又会希望自己的孩子顺从自己。如果他们成为教师，也会让学生听命于自己，还会威胁学生："如果你不听我的，那我们就去校长办公室吧。"当这样的人格发展到极端时，容易使人成为施虐者、犯罪者或"瘾君子"。

经常有家长反映孩子已经是高年级的学生了，还要老师反复叮嘱做作业、父母给他们收拾书包，否则一定不记得作业是什么，也不记得带课本去学校，而且他们经常借用同学的文具，还总是不还。

索取型 索取型人格的人相对被动，做任何事都会依赖别人。很多有钱的父母会纵容自己的孩子，满足孩子的一切要求，为孩子规避挫折。在这种环境下长大的孩子不会明白努力的意义，也意识不到自己有多大的能力。他们总是对自己没有信心，渴望得到别人的帮助。

上学这件事对于有些孩子来说十分困难，因为他们觉得学校是个充满压力的地方。每次老师在课堂上提问，他们都会极力躲避老师的眼神，即便被老师要求站起来回答问题，他们也是满脸羞涩。据了解，这些孩子的梦里也常常出现自己在学校里的窘态，以至于他们会装病逃避上学。

回避型 回避型人格的人缺乏解决问题和克服困难的信心，

总是回避可能的失败。他们喜欢关注自己，爱幻想，只有在自己幻想的世界里才会有优越感。

让我们觉得相处起来很舒服的人，通常从幼年时期起就经常参与同龄人的集体活动，并在温馨的家庭氛围中学习关爱和尊重他人。他们也能够通过自己独立完成事情来获得成就感和自信心，这是他们积极勇敢的动力。这样的孩子乐于融入新环境，常常给人留下乐观开朗的好印象。

社会利益型　社会利益型人格的人有勇气面对生活，能够很好地与人合作，为他人和社会贡献自己的力量。这样的人通常生活在良好的家庭环境中，而且家庭成员能够互相帮助，体谅彼此，尊重彼此。

以上四种人格，前三种人格都有失偏颇，只有第四种是值得提倡的。

三种不良人格的形成原因　控制型人格源于生理自卑，这

种自卑往往引发过度补偿，最终还是会被自卑感压倒。索取型人格源于父母的溺爱，在溺爱中长大的孩子会变得自私且缺乏社会意识。回避型人格源于父母和其他人对孩子愿望的忽视。对孩子的关注过少，让孩子觉得自己没有存在的价值，这会引起孩子愤怒的情绪，在之后的生活中，他们也会用怀疑的眼光看待别人。

阿德勒经典语录

不了解一个人的幼年，就无法了解其成年。

第二节 | 人格决定孩子的一生

　　每个人都想追求卓越和完美，但由于每一个人追求的方式不同，就会产生不同的生活风格，也就是人格。我们做的每一件事都受到生活风格的限定，生活风格带领我们走进某种情境，避开一些情境，还决定我们对这些情境的态度。生活风格是在生命早期的社会活动中形成的，在个体 4 至 5 岁的时候就已基本定型。对于孩子而言，生活风格最直观的作用就是它能够决定孩子以后的行为，甚至能够决定孩子的一生。

　　人格　人格是指个体在与环境的相互作用中表现出的带有个人特征的行为和思维模式，由性格与气质组成。人格是在战胜自卑和追求优越感的过程中形成的。每个人天生怀有自卑感，因为人刚刚出生之时都是弱小无力的，只有依靠成人才能存活，这就是原始自卑感的来源。也正是因为这种天生的自卑感才会促使人们克服自卑，追求优越感，换言之，自卑是人格发展的动力。人类的终极目标都是追求优越和完美，但每个人的行为方式不同，不同的追求方式会产生不同的行为和习惯模式，这就是所谓的生活风格。

人格是如何建立的　关于这一问题，我们还要回到自卑与补偿这两个概念上来。婴儿常常被自卑感折磨，这种感觉促使他们对自卑感和依赖感进行补偿。在补偿的过程中，我们会发现，一个有生理缺陷或者主观上有自卑感的孩子，他的生活风格会倾向于补偿那种缺陷或自卑感。例如，一个身体孱弱的孩子会十分渴望增强自己的体质，他会加强锻炼，通过跑步或举重等方式补偿自己的自卑感，这种心理和行为就是他生活风格的一部分。生活风格决定了孩子的生活态度，也决定了孩子的行为模式。

───── 阿德勒经典语录 ─────

　　每个人都有不同程度的自卑感，因为我们想让自己更优秀，让自己过更好的生活。

第三节 | 人格需要长期的完善

　　个体的发展就是一个提升自我、完善自我的过程，而人格完善就是将自己的性格特征扬长避短，把自己的内在人格优化重组。中国有句老话"三岁看小，七岁看老"，也就是说，在传统观念里，人的性格是从出生起就被定格了，想要改变是不可能的。实际上，人的性格是可以改变的，理论和实践都已经证明了这一点。在这里，我们要说明一点：我们所说的人格不同于平时生活中所说的依照伦理道德衡量的人格，如评价某人高尚或者卑劣。

　　美国心理学家罗杰斯主张，人格的完善在于实现理想自我与现实自我之间的和谐，如果两者之间发生冲突，人的心理就会产生不平衡的状态。因此，人格的完善需要个体对自我的成长有明确的目标，为自己谋划一个人格的最佳组合。

意识到人格完善的重要性　生活中，我们每个人都会听到别人对自己的各种议论和评价，无论其内容是否真实客观，它们都能映射出我们人格中的部分优缺点，我们不应该被别人的言论左右，而是要以此警醒自己完善人格。

树立人格可以被完善的信念　个体在生命早期的人格由先天遗传主导，随着年龄的增长，后天的影响占据了主导地位。所以，家长应当树立人格可以被完善的信念，只要有意识地去培养，孩子的人格就能够被改善。

── 阿德勒经典语录 ──

　　人生态度对人格的形成有决定性的作用，只有意识到性格上的缺陷，人才会试图去改变。

第二章 **02**

让健全的人格
带领孩子感知社会

培养孩子健全的人格，是儿童教育的首要目的。在孩童时期，"问题儿童"的人格并不病态，孩子的"不良表现"也多是传递给父母的求助信号，他们表现出来的"不良"行为只是表象，真正的问题是：这些孩子在追求优秀的过程中没有找到正确、有效的方向，因而走上了错误之途。

第一节 | 拥有健全人格的孩子才能与社会和谐相处

　　随着社会的发展，社会中的各种责任使得劳动分工越来越细化，人类并没有因责任的不同而相互疏远，而是发现自己越来越不能够脱离社会。

　　我们每个人都承担着相应的社会责任，这些责任决定我们的生活环境、生活方式及心理状态的发展过程。

　　夫妻关系就是很好的例证，在独自生活的成年男性与女性身上，我们很难发现他们从当下生活中获取的满足感和安全感，而这些感受多半需要从可以彼此分担的夫妻关系中获取，这就说明个体与社会的交点一直存在，而且无法割离。

　　每个孩子都想弥补自己的弱小　孩子在很小的时候就知道自己在这个世界上是需要付出的，自己也可以有收获，但是需要自己适应这个世界，世界才会给予自己相应的满足。孩子也会因生理方面的创伤而有痛苦的体验。

孩子会感受到有的人生来富有，所有愿望都可以得到满足，一旦有了这样的意识，孩子就会想拥有一个具备综合功能的器官。通过自己对世界的摸索，他们的心灵获得了一种综合能力，从而学会以最少的付出获得最大的生理满足。他们总是高估自己，以为自己天生就有打开一扇门或搬动一块大石头的能力。他们迫切地想要长大，想要和大人一样强壮甚至更强。

父母有义务照顾自己弱小的孩子，这就使得婴儿的生活目的变为支配环绕在他身边的成人，以此来满足自己的需求。于是，在婴儿面前就出现了两种选择：一是按照从成人身上学到的生活方式成长；二是继续夸大自己的弱小，寻求成人的保护。这两种发展倾向都可以在儿童身上找到。

在生命初期，个体的性格特征就已经初步形成。一些孩子想通过努力获得至高无上的权力，成为无懈可击的勇士，这样的孩子往往能够得到成人的认可；另一些孩子通过夸大自己的弱小无助以获得成人的关心和保护。只要仔细观察这些孩子的处世态度、表情和言行，我们就可以判断出他们属于哪种性格类型。不过，单纯地解释性格类型是没有意义的，只有将某个人的性格与其所处的环境结合起来进行讨论，才可以定义某种性格类型的意义。从儿童的行为中我们还可以看出他们对环境的态度。

可塑性基于儿童想要弥补自身弱小属性的天性，历史上的天才和智者都源于这种对自身不满的刺激。下面我们来谈谈身处逆境的儿童。这样的孩子认为全世界都与他为敌，这主要是由儿童思维的局限性造成的。如果在对孩子的启蒙教育中没有让他们全面地认知各种观点，那么在之后的成长过程中，他们对世界的敌意将一步步通过行为表现出来。在他们眼中，整个世界都充满敌意，当他们面对更大的困难时，敌意会愈演愈烈。这种情况多发生在有生理缺陷的儿童身上，这样的孩子与正常孩子有明显的区别，生理缺陷造成的不便表现出来的可能是运动困难、抵抗力不足等。

不能正确认识世界也不一定是由生理缺陷造成的。环境有时会对孩子提出过分的要求，这种影响与生理缺陷对孩子心理的影响有相似之处。一个想要适应环境的孩子突然要面对很多困难，而且短时间内没有人可以帮助他，此时悲观情绪就会朝他涌来。

对于孩子而言，困难总是存在的，而且毫无规律可循，他们很难做到在面对困难时，始终如一地淡定从容 由于孩子的心理只是得到初步的发展，生存技能也尚未成熟，所以他们只能努力适应既定的现状。他们可以从曾经犯过的错误中吸取教训，做出反思，就像做实验一样，在尝试中发现解决问题的方法，直到找到正确的方式，然后在实践中加以验证，从而取得进步。

在对儿童行为模式的研究中，儿童面对特定环境做出的反应引起了我们的重视。从他们的反应中可以看出他们的内心发展过程。在这项研究中，有一个原则我们必须要遵守：个体行为与社会现象一样，都不能仅凭一种模式进行判断。

在儿童心理的发展过程中，遇到的困难可能会歪曲他们对社会的认知。这些困难可能是物质上的匮乏，比如由经济状况造成的不良影响，也有可能是自身的生理缺陷造成的。

有生理或心理缺陷的孩子会本能地远离社会 社会文明是建立在个体拥有健康的身体和发育健全的器官的基础之上的，所以，具有严重生理缺陷的孩子在处理生活问题时就会处于明显不利的位置。很晚才学会走路的孩子、运动起来很困难的孩子，或者语言功能发育迟缓的孩子都属于这一类型。这种类型的孩子行动迟缓，做事情笨手笨脚，总是磕磕碰碰，由此造成的心理上和生理上的痛苦就会成为他们的负担，但这个世界并没有因此给予他们同情，而是始终保持着客观而冷漠的态度。因此，孩子的发展受到限制，总是有很多困难在前方等着他们。有缺陷的孩子对成人社会规则的了解相当有限，他们习惯用怀疑的态度去面对出现在他们面前的机会，而且喜欢把自己隔离起来，不愿承担责任。这样的孩子对痛苦的关注远远超过对希望的关注。他们总是放大自己的缺陷，高估来自他人的关心，他们始终对这个社会怀有敌意并要求别人关注自己，但从未想过关注别人。在他们眼中，责任是成长道路上的障碍，而非前进的动力。他们对社会的敌意使自己越来越远离这个社会；小心谨慎地对待与社会的每一次接触使得自己离真理和现实越来越远，从而制造出新的困难。

父母有责任培养孩子爱的能力　如果父母没有给孩子足够的关爱，会给孩子造成与上文中类似的障碍，这些障碍会酿成严重的后果：孩子会变得固执，无法识别什么是真正的爱，也不能表达自己对别人的关爱之情，因为他们对亲情的认知没有得到完全的发展。在缺乏关爱的家庭里长大的孩子也不会去关心别人，他们对所有的爱和亲人之间的关系都抱有逃避的态度。如果父母告诉孩子，爱和亲情都是懦弱的人才会有的，真正的男子汉不需要这些，那么在以后的生活中，孩子会面临越来越多的困难，让这样的孩子学会尊敬别人是很困难的。经常被嘲弄的孩子生怕自己对成人产生依恋，他们觉得喜欢别人是一件可笑的事情，同时也会显得自己懦弱无能。他们抗拒亲情，好像亲人间的关系对于他们来说是一种奴役，会让他们丢脸。在孩子很小的时候，亲情是不被他们接受的，由于上述教育方式阻碍和压制了孩子对亲情的感觉发展，因此他们会变得胆小懦弱，越来越想逃避社会，从而丧失与人交往的能力。只有身边的某个人不断主动与他们沟通，他们才有可能与这个人建立良好的关系。这就很好地解释了为什么有的孩子在长大之后只与一个朋友保持亲密的关系，而不能与很多人建立深厚的友谊。

过多的关爱与缺少关爱给孩子造成的影响都是不利的　被娇生惯养的孩子与被严格管控的孩子一样，在成长的过程中都会遇到很多困难。孩子自出生起，就有被关爱的需要。如果父母或其他人给孩子的爱渐渐超出了应有的范围，这个在"蜜罐"中长大的孩子就会依恋某个人或某几个人，而且不愿和他们分开。他们会对关爱有错误的认知：凭借他人对自己的关爱，他们可以强迫别人为自己的成长负责，这种认知投射到行为上，他们就会对父母说："因为你们爱我，我也爱你们，所以你们必须要这样做或者那样做。"这样的情况在家庭中经常发生。一旦孩子可以在某一个人的身上感受到源源不断的爱，他就会对这个人表现出关爱，希望可以用这个方法让这个人更加听命于自己。毫无疑问，这种教育方式对孩子的成长是有害的，在以后的生活中，他会继续以爱的名义为自己牟私利。为了达到目的，他们可以不择手段，包括兄弟姐妹在内的任何人都可能成为他们的征服对象，他们甚至可以用散布流言的方式来打败对手。这样的孩子还会怂恿自己的兄弟姐妹去干一些违法的事，以显示自己的正直和温顺，从而得到父母的宠爱。他会给自己的父母施加压力，希望获得父母的关注。他们想方设法成为众人关注的焦点，有时候他们会通过干坏事吸引父母的目光，让父母围着他转；有时又会扮演乖宝宝，像个十足的模范儿童。获得别人的关注对他们来说是一种奖赏，是一项傲人的劳动成果。

经过上面的研究分析，我们可以发现：孩子的思维模式一旦成形，任何事物都会成为他们达到目的的手段。他们可能会向邪恶的方向发展，也可能会朝善良的方向发展。我们经常看到很多孩子通过犯错、捣乱来吸引别人的注意，还有一些更加机智的孩子会通过追求美德的方式达到相同的目的。

我们在此总结一下在"蜜罐"中成长的孩子的特征：父母及其他长辈将他们成长道路中的所有障碍都已经清除干净，他们没有机会培养自己的能力，更没有机会学会承担责任，因此他们无法为未来的生活做好准备。即便有些人乐于与他们交往，由于他们缺乏交际能力，会使情况变得糟糕。因为他们从来没有主动并且独立地克服过困难，所以他们对生活没有一个正确的预想，一旦他们离开了温室，定会遭遇失败，他们再也找不到如父母一般对他们百般包容的人。

以上现象说明：孩子应该有独立的成长空间。有生理缺陷的孩子有他们独特的成长方式，这种方式最终使得他们陷入孤立；还有一些孩子无法认清自身与周围环境的关系，他们通常采取回避的态度，故而他们无法结交朋友，玩的游戏也与其他孩子不同。他们对同龄人的态度要么是羡慕，要么是不屑一顾，他们喜欢把自己关在屋子里独自做游戏；在压抑氛围中成长的孩子也会面临与社会隔绝的危险，生活于他们而言并不是快乐的。他们要么忍受生活中令人苦恼的一切，要么像个战士一样随时准备持刀反抗。这些孩子把大部分时间都花在捍卫自己的生活上，还要担心自己会一败涂地。因此也就不难解释，为何他们会觉得生活总是如此艰难，肩上的担子总是如此沉重。在他们眼中，外面的一切都是充满恶意的，过分的警惕性让他们背上沉重的包袱，致使他们选择逃避现实，而不是勇敢地面对困难。

个体是社会的组成物　在前文中我们已经解释过只有把孩子放在特定的环境中，才能观察出他们的人格，从而判断他们在社会中的位置，对职业选择及人际交往（这些问题每一个人都会面临）的态度。

我们还可以得出一个结论：在生命初期就留下的深刻印记会影响一个人一生的处世态度。在孩子刚出生的几个月里，我们就可以观察到他将与社会建立怎样的联系。我们对两个婴儿的行为进行比较发现，他们的行为模式已经有了很明显的差异。随着孩子逐渐长大，这种差异会越来越明显，孩子的心理活动也会更加容易受到社会关系的影响。人类属性中的社会归属感随着他对关爱的需求增多而逐渐显露出来，这会激发他们主动亲近别人的冲动。孩子表现自己热爱生活的方式通常是指向他人的，并非弗洛伊德所说的"指向自己的身体"。只有当孩子的心理功能严重退缩时，这种植根于心里的社会归属感才会消失。总而言之，社会归属感伴随人的一生。

在某些情况下，社会归属感会因为受到约束而被扭曲。在另一些情况下，社会归属感又会被扩大，甚至已经不局限于自己的家庭成员，会涵盖其他的民族、国家，还可能跨越种族的界限，乃至全人类、全宇宙。因此，我们在研究个体人格时，一个重要的原则就是把个体看作是社会的组成物，只有从这一点出发，才能开启了解个体人格及行为的大门。

·阿德勒经典语录·

如果一个人在童年时期遭受过虐待，就会造成其冷酷的性格，使他们心生嫉妒和恨意，不能容忍别人的幸福。

**病态人格形成于童年时代，
并主宰孩子的未来**

在个体精神活动的结构中，最为关键的阶段是儿童早期　这一点并不令人惊讶，任何时代的心理学家都曾得出过这一结论。这一发现的价值体现在：它能让我们在可研究的范围内，将个体的童年记忆、经验、生活态度与其之后的精神生活结合在一个关联模式中。通过这种关联式的研究，我们发现：个体的精神生活绝不是一个独立的实体，应该将它们视为某个整体中的一部分。只有我们对个体精神活动在个体的所有心理活动中的总趋势和地位做出判断，发现个体完整的生活方式，搞清楚个体的童年生活态度是否与他成人后的态度相同之后，我们才能对个体的个别表现做出评估。

我们要强调的是：一个人的心理活动从童年到成年不会发

生变化　或许心理活动的外在形式、具体化及符号化形式会发生变化，但最基本的要素及个体的心理终极目标是不会改变的。一个患有焦虑症的成年人，他的心理状态始终是不信任和疑虑的，在他身上表现出的所有想要与社会隔绝的状态，充分显示了他在儿童时期就已经有了这种心理活动和性格特征。由于孩子具有幼稚和单纯的特点，所以我们不难解释这种心理活动和性格特征，把心理问题追溯到研究对象的童年时代就有了指导意义。在研究个体心理问题时，在了解一个成人目前的状况之前，先了解他的童年生活，也可以揭示他的性格特征，我们还可以将他现在表现出来的性格特征视为他在童年时期获得的生活经验的投射。

在了解了患者最为深刻的童年记忆并对这些记忆做出合理解释之后，就可以重建患者目前的性格模式。在研究过程中，我们发现了这样一个事实：一个人想要摆脱在童年时期形成的行为模式是不太可能的，尽管很多人在成年之后发现自己已经处于完全不同的境况中。成年之后，生活态度的转变并不意味着行为模式的改变，事实上，精神结构的基础并没有发生变化。因此，我们可以做出如下推断：这位患者的人生目标没有发生变化。我们在研究成年人的心理问题时，不能只把注意力放在他在成年时期积累下来的生活经验及印象，更重要的是关注他的行为模式。

关于一个妇女的案例　我们的研究对象是一个 52 岁的妇女。她有一大爱好——贬损比她年长的女性。通过询问她的童年经历，我们得知：在她还是个孩子的时候，总是感觉有人轻蔑她，而她的姐姐总是能得到别人的关注，因此她很委屈。我们纵观一下她的经历，从这个妇女的生命初期到现在，她总是在担心别人瞧不起她，看到别人比自己更受欢迎就会心生嫉妒。掌握了这一点，即便我们没有完全了解这个妇女的一生，对她的人格统一体也一无所知，我们仍旧可以在此基础上填补那些缺失的地方。此时，心理学家就像一位作家，他可以通过一条特定的主线塑造一个人物形象。这条主线由一个人特定的动作、生活方式及行为模式构成。一个有经验的心理研究者可以预测

出这个妇女在某种特定情境下的行为，并准确地描绘出这条主线附带的性格特征。

阿德勒经典语录

每个人对自己人生的解释，都有一个"观念"，这会将他牢牢套住，虽然他无法判断这个"观念"是好是坏，但这样的"观念"会影响其一生。

第三节 | "问题儿童"的人格不病态，
　　　　　 "不良"行为只是表象

　　儿童的心理活动是很奇妙的，无论我们研究哪一方面，都会觉得很有趣。或许只有我们了解了一个孩子的全部生活经历后，才能弄清楚他做的某一件事情的含义。一个孩子做的每一件事都是他过去全部生活和人格的映射，如果不了解这一点，就无法进一步研究他现在做的每一件事。这就是所谓的人格统一体。

　　人格统一体的发展　这一概念即表明人的行为和表达可以协调成一个固定的模式，这一发展始于童年时期。生活要求孩子必须学会协调统一，这种方式构成了孩子的性格，也使孩子的行为个性化，让他有别于其他孩子的行为方式。

　　很多心理学派都会忽视人格统一体这一事实，就算没有忽视，也是没有重视。那么造成的结果就是在心理学理论研究和病理学技术操作中，研究对象的某个姿势或表情会被作为单独的样本，这个姿势或表情被视为一个独立的整体。有时这种姿势或表情也会被视为一种情结，前提是这种姿势或表情可以从一个人的活动中抽离。这样的做法无异于从一首乐曲中分离出一个音符进行单独研究，这当然是不合理的做法，不幸的是，这种做法已经相当普遍了。个体心理学一直在抵制这种错误的研究方法，因为这种方法应用到孩子的教育上将会带来严重的后果。例如，孩子做了错事，将要受到惩罚，人们首先考虑的是这个孩子会给人什么印象，但这对于孩子来说是弊大于利的。如果这个错误是孩子之前经常犯的，那么老师和父母就会先入为主地将孩子视为惯犯。如果一个孩子的表现一直很优异，那么他留给别人的印象会使他在犯错误时不会被严肃追究。这两种情况都会阻碍我们深入到孩子的人格统一体中。

我们问孩子为什么会懒惰，不要妄想从孩子那里得到想要的答案，就像我们不可能从孩子那里得到他们为什么撒谎的答案一样。苏格拉底的那句"想要了解自己是多么困难啊！"一直回响了两千多年。既然如此，我们又怎能要求一个孩子回答这样的问题，这样的问题对于心理学家来说都是困难的，更何况是孩子。想要了解一个人的个别行为的含义，前提是了解这个人的整体人格。这个方法并不是单纯地叙述他的具体行为，而是要了解他持什么样的态度面对摆在他眼前的任务。

13 岁男孩的案例 这个案例说明掌握一个孩子的生活轨迹是多么重要。一个 13 岁的男孩有一个妹妹。在他 8 岁以前，他是家里的独子，那段时光对于他来说是最美好的，他周围的每一个人都在尽力满足他的愿望，对他宠爱有加。爸爸是个军官，儿子对他的依赖让他感到高兴。但是由于爸爸经常不在家，男孩更愿意亲近妈妈，妈妈总是满足他一个又一个心血来潮的要求。渐渐地，这位妈妈对儿子表现出的任性、不懂礼貌及一些带有威胁性的行为感到不安。有时，母子之间会出现关系紧张的状态，主要表现为男孩试图用霸道的语气对妈妈发号施令，以此来捉弄妈妈。

虽然男孩很淘气，还总是制造麻烦，但他的本性并不坏，所以，他的妈妈总是容忍他，细心照顾他，辅导他的功课。男孩也相信妈妈会帮他解决一切困难。8 岁之前，这个男孩接受的都是良好的教育，他的学业进展也很顺利。之后，妹妹出生了，他发生了很大的变化，他和父母的关系变得紧张起来。他自暴自弃，总是一副懒洋洋的样子，对什么事情都表现得很冷漠，他希望用这种办法折磨他的妈妈。一旦妈妈不给他想要的东西，他就拉扯妈妈的头发泄愤。此外，他不想让妈妈得到一刻的安静，不是拉妈妈的耳朵，就是拉妈妈的手。随着妹妹的长大，他越来越坚定自己设计的行为模式，妹妹很快就成为他捉弄的对象。虽然并没有做出伤害妹妹的举动，但他对妹妹的嫉妒是显而易见的。他的恶劣行径始于妹妹诞生的那一刻，因为妹妹已经成为家庭的焦点。

如果一个孩子的行为变坏，或者出现新的行为迹象，我们要考虑的不仅是这种行为出现的时间，还要搞清楚这种行为出现的原因。妹妹的诞生竟然会是哥哥成为"问题儿童"的原因，是那么不可思议，但这种情况经常发生。实际上，只是男孩对待妹妹的诞生这一事实的认识出现了偏差。这两件事情的因果关系不是严格意义上的物理因果关系，我们不能判定一个年龄较大的孩子"变坏"是因为一个更幼小的孩子的诞生。但我们可以说，一块石头坠落时必然朝着某一方向并有某种速度。个体心理学研究表明，严格意义上的因果关系并不会造成心理"坠落"，造成"坠落"的是各种人为的错误，它们影响了孩子以后的成长。

人的心理在发展的过程中难免会出现扭曲，造成的后果集中表现为某种失败或者错误的人生方向。一般来说，孩子在2

岁至 3 岁时就为自己定下了一个目标，并且他会用自己的方式追求这一目标。虽然孩子在追求目标的过程中会做出错误的判断，但这个目标一旦形成就会一直约束他、控制他。孩子对事物的理解决定他的成长，当孩子处于一个新环境时，他的脑海中依旧会出现那个已经形成的模式。客观事物给他留下的印象并不是由客观事实（男孩妹妹的出生）决定的，这种印象取决于孩子如何看待这一客观事实。

决定方向的不是客观事实，而是我们对客观事实的看法　这正是人类心理的奇妙之处，我们对事物的看法控制着我们的行为，我们的人格构成也以此为基础，主观思想会影响我们的行为，下面我们以凯撒登陆埃及为例来说明这一观点。凯撒在上岸时被绊了一下，摔倒在地，罗马士兵将此视为不祥的预兆。虽然他们个个英勇无比，但要不是凯撒高喊："非洲，我得到你了！"他们真的会立马返回。从这个例子中可以看出，客观现实的构成并不都是因果相应的，我们得到的效果是经过了我们内在人格的重建。

让我们再回到小男孩的案例中，可以预料到这个男孩之后的处境很糟糕，没有人喜欢他，学习上也没有进步，他依然我行我素，总是给别人带来困扰，这就形成了他的完整人格。那么他接下来的生活又会怎样呢？每次他给别人带来麻烦之后，必然受到惩罚，学校会向他的父母反馈他在学校的恶劣行径，如果他仍旧知错不改，学校就会建议他的父母把他带回去，理由就是他无法适应学校生活。

学校的处理方法会让男孩无比开心。他的行为模式的连贯性再一次体现了他对客观事实的态度，虽然这个态度是错误的，但是态度一旦形成，就很难改变。他一心想成为所有人的焦点，这是他犯错的根源。他一再尝试让他的妈妈以他为中心，他把自己摆在君王的位置，而且拥有绝对的权力长达 8 年之久，直到妹妹的出生剥夺了他的权力。男孩在丧失"王位"之前，他只为妈妈而存在，妈妈也只为他而存在。后来，妹妹占据了他之前的中心位置，于是男孩拼命地想要夺回自己的"王位"。不过我们可以确定，他的本性并不坏。孩子在面临毫无准备的生活且没有人给予正确指导的情况下，一些恶劣的行为才会出现。如果一个孩子在上学之前习惯了万众瞩目的生活，在他入学之后面对的是对所有学生一视同仁的老师，他的言行肯定会惹怒老师，这种情境对于一个被娇惯的孩子来说是十分危险的。

我们可以发现，男孩给自己设计的生活与学校安排的生活发生了冲突，决定男孩行为的仍旧是他自己设定的目标，他全身心地朝着自己的目标努力。学校希望每个孩子都能生活在正常的环境中，每个孩子都能按照固定的模式成长，但学校没有了解到类似案例中男孩的处境，也没有给予他们宽容，也没有设法找到出现这种状况的根源并对症下药。

男孩生活的首要目标就是获得妈妈的全部关注，他渴望妈妈只为他一人服务，可以说，他的所有心理活动都是围绕这一个目的。他要控制妈妈，占有妈妈。而学校的生活安排则是要求他独立学习，安排好自己的学习任务，收拾好自己的书本和文具，这样的生活方式显然不适合这个男孩。

尽管男孩的表现不能令人满意，但如果我们弄清楚了这一切的原因，就会同情孩子的处境。一味地惩罚孩子是没有用的，只会使他更加不喜欢学校。如果学校将孩子开除，就正好满足了孩子的愿望，孩子会觉得通过自己的抗争取得了胜利，这样一来，他的妈妈又会给予他更多的关注。

没有人可以做到与社会保持完全一致　通过上述案例，我们可以了解这样一个事实：所有人都处于和这个男孩类似的情境中。我们对生活的计划和设想都不会和这个既定的社会完全一致。多年前，人们把一切传统的东西都视为神圣且不可侵犯的，如今，我们已经意识到这个世界上根本不存在一成不变的东西，所有社会制度都会发生变化，而推动社会制度变化的动力就是每个人的抗争和努力。社会制度是为人类服务的，人并非因社会制度的存在而存在。人类想要获得自由，就必须培养一定的社会意识，但培养社会意识并不意味着要强迫个人接受单一的模式。

个体与社会的关系是个体心理学的基础，这可以运用到学校的教育制度中，帮助学校改善对那些无法适应校园生活的孩子的态度。学校应该把每个学生都视为具有独立人格的人，一个有着无限发展可能的个体。学校还应当学会运用心理学的知识去判断孩子的某些特殊行为。就像我们前面说到的那样，我们不应该把孩子的某个行为视为单独的音符，而是要把这个特殊的音符与整篇乐章结合起来，这样才是完整的人格统一体。

阿德勒经典语录

如果做了对的事没有受到别人的关注，人就会试图去做错的事，以求受到"负面关注"。我们不该为了迫使人生陷入悲惨境遇的事而努力。

第三章 03

帮助孩子调整心理，塑造健全的人格

"自卑情结"作为个体心理学的一个重要发现，受到国内外心理学家的广泛认可。每个人或多或少都有自卑情结，儿童也不例外。自卑感会让孩子感到焦虑不安，如果家长忽视孩子这一心理，孩子在以后的人生中很可能走上错误的道路。我们认为人类的一切文化都是以自卑感为基础的，所以自卑感也可以促进孩子进步。此时，家长需要对症下药，找到令孩子沮丧的原因，并不断给予孩子勇气。

第一节 | 儿童自卑情结的形成及其表现形式

自卑情结的形成 自卑感与优越感存在于每个人的精神世界中，个体追求优越感是因为内心感到自卑，因此想要努力追求优越感以克服自卑感。一般来说，自卑感不会给人留下心理阴影，如果个体没有对追求优越感做出努力，或者因为身体器官缺陷引发的心理变化达到了难以忍受的地步，自卑感就会演变成自卑情结。所谓自卑情结就是个体过度反常的自卑感迫切需要得到补偿和满足，但通往成功的道路已被堵死，因为个体夸大了正在面临的困难，从而湮灭了克服困难的勇气。

自卑情结的表现形式 自卑情结的表现形式是多种多样的，有自卑情结的人不一定都是安静、内敛、没有反抗力的。下面我们以三个儿童在动物园中的表现为例来说明这个问题。

当三个孩子在面对关在笼子里的狮子时，一个孩子下意识

地躲到妈妈身后并央求妈妈带他回家。另一个孩子似乎在强迫自己站在笼子面前并用颤抖的声音称自己并不害怕狮子。第三个孩子则满脸好奇地问妈妈如果朝狮子吐口水，后果会怎样，其实这三个孩子都很清楚，自己与狮子相比实在是太弱小了，只是他们表现出来的状态不同。

自卑情结的表现形式有眼泪、易怒、时常怀有歉疚感等。因为自卑感会让人焦虑，只能通过追求优越感来补偿这种情绪。这种做法并没有真正解决问题，而是把问题隐藏了起来。这种掩盖问题的想法限制了人们的行为活动，人们将精力都放在了如何避免困难上，之后会越来越彷徨、犹豫。

有自卑情结的人总是想把自己限制在一个自己可以掌控的环境里，从而与现实问题始终保持一个"安全距离"。他们依据自己往常的经验挑选一些自己可以解决的问题来达到成功的目的，所用方法要么是低眉顺耳，要么是怒目圆睁，如果第一种方法不奏效，他们马上就会切换成第二种方法。无论方式怎样变化，追求优越感的终极目标不会变。当孩子发现泪水可以逼迫他人满足自己的要求时，他们就会变得爱哭。爱哭的孩子患抑郁症的概率很大。

不能用羞辱的方式改变胆怯型儿童　一个男孩由于不会游泳而遭到同伴的嘲笑，他实在无法忍受这种羞辱，终于纵身跃入游泳池中，其他人花了很长时间才将他从水中救起。一个胆小的人在面临尊严危及之时也会做出极端的行为。其实男孩在选择跳入水中的那一刻是极其胆怯的，他不想承认自己不会游泳，他不想被同伴贬低，但他的行为并没有克服他的胆怯心理，反而令他更加不想面对现实。胆怯型儿童有时会变得尖酸刻薄，

总是能找出别人的缺点，他们吝惜自己的赞美之词，如果别人受到赞美，他们就会既羡慕又嫉妒。如果一个人不是通过努力来超越别人，而是一味地贬损他人，这就能够体现出他内心的胆怯。这种错误的根源在于，他们认为努力并不是获得他人尊重的必要条件。如果孩子有了这样的想法，我们应该培养孩子与别人友好相处的能力，告诉他们任何人都没有蔑视别人的权利。

一个孩子如果对将来失去了勇气和信心，那么他就会在当下的现实环境里选择退缩，寻求一种无谓的补偿。作为一名教师，首要职责就是维护孩子对生活的期许与信心。刚刚走入校门就表现出消极情绪的孩子更需要学校和老师花更多的时间帮其重拾信心。假如一个孩子对未来没有任何憧憬，那么想要教育好他几乎是不可能的。

孩子对自己的评估很重要　如果我们只是问一个类似于"你觉得自己是个什么样的孩子"这样的问题，恐怕是无法得知孩子的真实看法的，即便问得很巧妙，也只能得到模糊的答案。有一些孩子的自我感觉良好，另一些孩子觉得自己一无是处。观察那些觉得自己一无是处的孩子就会发现，围绕在他们身边的成年人总是给他们灌输"你真没用"的思想。孩子在这样的环境中成长不可能不受到伤害，所以他们就用低估自己的方法进行自我保护。

如果孩子的回答不能帮助我们了解他们对自己的评估，那么我们可以观察他们是如何面对困难的，是信心满满地迎难而上，还是在困难面前畏首畏尾，或是一开始满怀豪情壮志，真的到了大敌当前之时，就会止步不前。有时我们会判定这样的孩子是懒惰的，或者根本没有把精力集中在解决问题上，无论怎样判定，其性质都相同。有时候孩子会向家长说谎，家长便以为孩子的失败是能力不足所致。当我们以个体心理学为基础，对整个事件进行了解分析之后，得出的结论是：孩子的根本问题是低估了自己。

自卑情结并非与生俱来　无论一个孩子多么勇敢，他的勇气都是可以被磨灭的，所以，自卑情结并非与生俱来。父母的性格如果是怯懦的，那么孩子有可能也是怯懦的，这不仅是遗传所致，更是因为孩子长期生活在父母营造的家庭环境中，怯懦压抑的氛围让孩子变得不爱与人交流，在学校里总是独来独往。一个人是否有社交能力，并非完全取决于大脑及其他器官的发育。

下面我们以一个生来就有器官缺陷的孩子为例来说明这一观点。这个孩子长时间遭受病痛的折磨，心事重重，他感受到的这个世界是冰冷残酷的。他必须找到一个能够照顾他，替他分担痛苦的人，家人也就无可厚非地扮演起了这一角色。正是这种无微不至的呵护让他的自卑感有了可以生长的地方。本来孩子与成年人之间就有体格与力量上的差异，父母又将他与困难隔离开来，并经常给孩子灌输"小孩子就应该被照顾，不用倾听别人的想法"这种思想，他的自卑感只会越来越强。

阿德勒经典语录

不是因为你不好而有自卑感。无论看起来多么优秀的人，多少都会感到自卑。只要还有目标，当然就有自卑感。

第二节 | **帮助孩子防止自卑情结**

　　儿童易受到身体功能缺陷的影响，会因此形成消极的人生态度，即使有朝一日身体上的缺陷消失，留在心里的阴影也不会轻易抹去。我们观察过许多得过佝偻病的儿童，他们痊愈之后，身体上依然保留着疾病的痕迹，如罗圈腿、行为迟缓、支气管炎、头部畸形、脊骨弯曲、膝盖肿大等。在患病期间形成的消极情绪也保留了下来。看到其他孩子行动敏捷，他们就会油然而生出一种自卑感。他们要么屈从于自卑感，从此一蹶不振，要么不顾一切地追赶别人，但这些都表明他们没有认清自己的处境。

　　了解孩子与其他家庭成员的亲疏　每个儿童都有与其他家庭成员建立亲密关系的能力，通常情况下，孩子与母亲的关系更为亲密。如果一个孩子的大部分生活由母亲照顾，他却与另一家庭成员的关系更为亲密，那么作为家长，就应该认真考虑一下孩子究竟为何会有这种表现。

儿童不应该把所有的关注点和信任感都放在母亲身上，而母亲有责任将孩子的关注点和信任感扩展到其他家庭成员、同学和朋友那里。祖父母通常都会溺爱孩子，因为老人害怕自己在家庭中没有存在的价值，也会产生自卑感，于是他们表现得要么挑三拣四，要么百般顺从。为了让自己在孩子的心里有更高的地位，他们就想方设法地满足孩子们的任何要求。

我们发现，那些长期待在祖父母家中的孩子不情愿回到自己家里，因为回到家里就有可能受到束缚。研究儿童生活风格的教育者应该重视祖父母在儿童成长过程中发挥的作用。

孩子是否制造了太多麻烦　如果孩子的确经常制造麻烦，我们可以断定母亲十分溺爱孩子，孩子因此失去了独立性。孩子能够制造麻烦的机会不外乎是在睡觉、起床、吃饭、洗澡的时候。如果一个孩子总是做噩梦或者尿床，那么他的成长环境一定出了问题。孩子不停地制造麻烦其实是想试图操控家长，在这种情况下，任何惩罚都不会奏效，只会激发他们制造更多麻烦的欲望，让家长明白他们并不怕惩罚。

孩子是否会因为被嘲笑而丧失信心　有些孩子能够忍受别人的嘲笑，而有些孩子在受到别人的嘲笑之后就会灰心丧气。他们回避真正的问题，把注意力放在自己的外表上，这就说明他们已经对自己失去了信心。如果孩子总是喜欢和别人争斗，并且担心不主动攻击就会受到别人的攻击，那么就可以确定这个孩子对他的生活环境充满敌意。这样的孩子不会顺从于任何人，即便是礼貌地问候别人，在他的眼里也是屈辱的行为。这样的孩子也很少抱怨，因为他觉得抱怨是一件特别伤自尊的事。他也很少流眼泪，甚至在想哭的时候却用大笑的方式表达情绪，因为他觉得这样很酷。其实这恰恰说明他很脆弱，每一种看似冷酷的行为背后都隐藏着一颗敏感而脆弱的心。真正强大的人都是温暖明媚的，脆弱的孩子需要鼓励，要让他们明白自己冷酷的行为究竟意味着什么。

孩子是否擅长与人相处　这个问题关乎孩子的交往能力，也就是说，这种能力与孩子的社会情感的发展程度有关，更与他的控制欲有关。如果一个孩子总是把自己与别人隔离开来，这就说明他没有自信与别人竞争，对优越感的渴望过于强烈，甚至担心自己在一个群体中不能担任重要角色。

有的孩子有收集物品的爱好，他们希望通过外在的东西武装自己，超越别人，这种爱好一旦无节制地发展就会变成贪婪，如果自己的欲望得不到满足，有可能会演变成偷盗，因为他们比其他的孩子更加脆弱敏感，更加在意自己能否得到别人的关注。

孩子对学校的态度　我们应该留心孩子在上学的时候是否磨蹭，提到学校的时候情绪会不会变得激动。孩子对学校的恐惧有多种表现形式，比如在老师布置家庭作业的时候，他们会比较紧张，有些孩子甚至还会表现出器官上的变化。孩子在面临考试时也会紧张，因为分数对于他们来说意味着自己将被学校归为哪一类，所以我们不主张给孩子打分。如果孩子总是忘记做家庭作业，那就意味着他们有逃避的意图。作业做得不好或者没有耐心做作业，这都说明他们抗拒学校，更愿意把时间用在其他事情上。

孩子是否真的懒惰　有的孩子只是看似懒惰，并非真的懒惰，他们只是不想让别人觉得自己无能。如果一个孩子在学校没有完成老师安排的课业，他宁愿被视为懒惰，也不愿被别人说成是无能的人。一个懒惰的孩子通常喜欢听到这样的评价："如果不是因为懒惰，他可以做得更好。"这样的评价让他觉得自己不需要通过努力来证明自己的能力和天赋。那些有依赖性的孩子和总是扰乱课堂纪律以获得关注的孩子都属于这一类。

家庭成员是否患有疾病　家庭疾病会影响孩子的成长，如精神病、肺病、癫痫等。如果条件允许，可以尽量避免让孩子知道家庭中有人患有精神病，因为精神病对于一个家庭来说，就像是挥之不去的阴霾，况且，很多人都认为精神病会遗传。还有其他疾病，如肺病和癌症也是如此，都会在孩子心里留下阴影。癫痫病患者易怒，容易破坏家庭的和谐气氛。在所有的家庭疾病中，梅毒的危害最大。如果父母患有梅毒，那么孩子也会非常虚弱，在遇到生活问题时，多半无法处理好。把孩子转移出当下的环境是最好的做法，可是没有几个父母能够做到。

家庭的物质条件影响孩子对未来的看法　与生活在富足家庭环境中的孩子相比，那些出身贫困的孩子会有更多的无力感。家庭原本富裕的孩子一旦陷入贫困，失去了往日的优越生活，他们就难以应对。如果祖父母的家庭条件比父母创造的还要优越，他们的不安情绪会更加强烈。在这种家庭环境中长大的孩子一般会更加勤奋努力，他们实则是在抗议父母的不作为。

让孩子了解家里由谁做主　通常情况下，家庭中做主的人是父亲，我们认为确实应该由父亲做主。如果由母亲或者继母做主，会对孩子的成长造成不利的影响，父亲也得不到孩子的尊重，并且孩子会对女性产生一种潜意识的畏惧。这样的孩子在生活中要么抗拒与女性接触，要么会给家庭成员中的女性带来苦恼。

父母应该把握好严厉与温和的尺度　个体心理学不主张太过严格或者太过温和的教育方式。我们认为正确的教育方式应该是理解孩子，鼓励他们勇敢面对困难和挫折，培养他们的社会情感。太过严厉的教育方式会让孩子失去面对生活的勇气和信心，而过于温和的教育方式容易使得孩子产生依赖心理。因此，父母的职责是让孩子正确认识这个世界，而不是把世界按照自己的想法刻画好了展现给孩子。父母要帮助孩子防止自卑情结，让孩子尽可能地做好生活准备，如果没有父母的正确指导，孩子怎么会懂得如何面对困难呢？

--- 阿德勒经典语录 ---

有许多以自卑感为借口、逃避人生课题的胆小鬼，但也有不少以自卑感作为发条而成就丰功伟业的人。

第三节 | 唤醒孩子的才智能力

父母及老师在教育孩子的过程中也要有越挫越勇的精神，不能因一时的失败而气馁，不能因孩子的冷漠就轻言放弃，更不能允许自己迷信智力源于遗传这一说法。个体心理学家认为，每个孩子都值得被期许、被帮助，我们应该给予他们勇气和信心以激发他们潜在的能动性和智力。在教育孩子的时候，我们不能把困难看得过于强大，困难只是我们将要解决的问题。

12岁男孩的案例 成功有时与努力不成正比，也许付出再多也得不到我们预想中的回报。但成功的例子可以让我们得到心理上的补偿，下面我们就来说一个成功的案例。

一个12岁的男孩正在读小学六年级。尽管学习不好，他仍旧是一副无所谓的样子。他的童年经历很是不幸，由于患有佝偻病，直至3岁，他才学会走路，近4岁才会说一些简单的词语。

4 岁的时候，他的母亲带他咨询了一个心理医生，心理医生诊断这个男孩已经没有希望了，但他母亲不相信医生的话，坚持将他送入一个儿童指导学校。男孩在那里缓慢成长，学校也没有给予他过多的帮助。男孩到了 6 岁的时候，大家认为他到了该上学的年纪，在一、二年级时，除了老师的教授，母亲还在家里对男孩进行额外的辅导。因此，学校的考试男孩都顺利通过了，之后他又勉强读完了三年级和四年级。

男孩在学校及家里的状态是这样的：老师和同学都知道他十分懒惰，他也常常抱怨自己无法集中精力听老师讲课。他和同学的关系也不融洽，同学经常嘲笑他，他也比其他人显得怯懦。男孩只有一个朋友，经常和他一起散步，在男孩的心里，除了这个朋友，其他人都是讨厌的，男孩无法与其他人交往。男孩的老师也常常抱怨男孩的算术成绩很糟糕，写作成绩也不好，虽然这个老师相信男孩可以取得和他人一样的成绩。

纵观这个男孩的童年，他的一切问题都源于那个错误的诊断。男孩的内心充满了强烈的自卑，他多年来忍受着自卑心理的折磨。此外，男孩还有一个诸事顺遂的哥哥。他的父母声称哥哥不用费力就顺利考上了初中，而且父母经常以孩子不费力就能取得好成绩作为炫耀的资本，因此男孩的哥哥也喜欢以此炫耀。我们都知道，不努力学习就想取得好成绩是不可能的。男孩的哥哥或许在课堂上能够做到专心听讲，把老师说的话都牢牢记在心里。那些在学校没有认真听课的孩子回到家之后必须重新温习一天的课程。

男孩与哥哥的差距是那么大，男孩在生活中总是感到压抑，因为他的成绩远不及哥哥，他感受不到自己存在的价值。男孩已经习惯了妈妈的斥责和哥哥的贬低，如果他不听哥哥的话，哥哥就会对他拳脚相加。这一切都让男孩有了一种想法：自己的价值不如别人。男孩的功课总是错误百出，他也承认自己无法集中精力，他的同学总是嘲笑他，似乎每一个困难都能将他打倒。他的老师也常说，男孩在学校和班级里始终没有归属感。如此一来，男孩就陷入目前的困境中，他相信别人对他的评价都是正确的。一个孩子变得如此悲观，对自己的未来不抱任何希望，这是一件多么可悲的事情。

男孩失去信心已是既定的事实。尽管我们采取轻松、自然的方式进行谈话，他还是脸色苍白，四肢颤动。我们从他的一个微小动作中就能看出他的不自信：当我们问到他的年龄时，他说自己 11 岁（其实他已经 12 岁了），我们不能将这种错误视为偶然，因为孩子应该都知道自己的确切年龄。这种错误有其潜在的原因，结合男孩的生活经历及他的回答，我们得出这样一个结论：男孩想要回到过去，他希望自己更小，更弱，更需要别人的保护和帮助。

根据已经掌握的情况，我们可以重建这个男孩的人格系统。他不想通过完成这个年龄段应该完成的任务去获得别人的肯定和认可，他已经认定自己不如别的孩子发展得全面，并坚信自己在与别的孩子的竞争中不会取胜。这种想法让他尽可能地使自己的行为符合这一定论。虽然他说自己已经 11 岁了，但他的行为举止更像是一个 5 岁的孩子。

通过调查得知，这个男孩在白天也会尿床，而且无法控制自己的大便。经科学证明，当孩子认为自己仍旧是一个婴儿或者努力把自己想象成一个婴儿的时候，才会出现这种情况。正如我们在上面说到的观点，即这个男孩十分怀念过去，如果现实允许，他会选择回到过去。

起床对于男孩来说是一件很困难的事情，通常需要花费很长的时间，他的家人在描述这一情况时也是带着厌恶的表情。据此，我们可以得出这样一个结论：男孩不愿意上学。对于一个无法和同学和睦相处，认定自己一无是处且内心充满压抑情绪的孩子来说，是不会喜欢上学的。

在男孩出生之前，家里就有一个女家庭教师，男孩出生之后，这个家庭教师对男孩非常好，总是代替他的妈妈照顾他。家庭教师告诉我们，男孩其实是喜欢上学的，最近男孩总是生病，生病期间他总是恳求父母允许他去上学。这种说法与我们的观点并不矛盾，我们此刻要解答的问题是家庭教师为什么会判断错误。其实男孩的心思并不难猜，他非常清楚即便他恳求父母允许自己去学校，他的家庭教师也会说："你还在生病，不可以上学。"男孩的父母并不明白其中的缘由，他们试图为孩子做些什么的时候，往往显得无所适从，其实，他们并不了解孩子的内心。

父母把男孩送来诊治是因为另外一件事情——他拿了家庭教师的钱去买糖果。通过这件事情我们就可以看出他的行事风

格仍然像个小孩子，十分幼小的孩子在无法抵抗糖果的诱惑时，才会出现这种行为。男孩潜藏的心理暗示是这样："你们一定要将我看护好，否则我就会淘气。"男孩总是做出一些让别人费神的事情，因为他对自己没有信心。我……比较一下男孩在学校的表现与他在家里的表现，二……易见的。在家里，男孩能够获得家人的注意……

在男孩接受治疗之前，他一直……下的孩子，其实男孩并不属于这一类，……心，他就是一个正常的孩子，并且能够取得和别的孩子一样优秀的成绩。男孩一直用悲观的态度对待问题，在他还没有努力之前就已经做好了放弃的准备。他表现出来的精力无法集中、记忆力不好，以及缺少朋友都说明他对自己缺少信心，而且客观条件对他又是那样的不利，所以，想要改变男孩的态度，是十分困难的。

在完成了个体心理问卷之后，我们展开了咨询讨论。我们不仅和男孩交流，而且还要和其他相关人士进行商榷。首先就是男孩的母亲，其实她早已对这个孩子不抱希望，她只是盼着孩子能够勉强完成学业，然后随便找一份工作谋生。

我们问男孩长大了以后想干什么，他对于这一问题没有明确的想法。这一问题的特殊意义是：一个即将小学毕业的孩子还不知道自己的兴趣，一定是有原因的，即便很多人都无法实现自己儿时的梦想，但这并不妨碍人们在儿时就找到自己的兴趣，人因为有了希望，才会被指引。多数孩子在幼年时，心里都有一个理想的职业，如司机、警察、售票员等，如果一个孩子没有为自己假设一个未来职业，那就意味着他不想展望自己的未来，只想沉溺于过去。换言之，他在回避将来，以及和将来有关的一切问题。

从个体心理学的角度分析男孩的情况 上述男孩的情况似乎有悖于个体心理学的基本理论。我们一再表明每个孩子都有追求优越感的欲望，都希望自己能够超越别人，取得一定的成就，而现在我们面对的这个男孩并非如此，他只想回到过去，希望自己能够变得又小又弱，从而获得别人的帮助和保护。对于这一情况，我们该如何解释？

人的任何一种精神活动都不是无缘无故就发生的，都有其原因及背景，而且极其复杂。任何一个复杂的案例都可能有一个足以迷惑我们的表象，事情的发展方向也可能因此而改变。案例中的男孩不主动追求发展，没有追求优越感的欲望，反而渴望回到过去，他认为只有这样才能更好地保护自己。如果对男孩的情况缺乏深入的了解，那么这种现象的确让人费解。事实上，男孩的行为也存在某些合理之处，尽管这种合理性看起来仍旧有些荒诞。

这类孩子在年幼的时候也曾有过强大的支配力。我们不能期望一个对自己没有信心，对未来不抱希望的人做好一切事情，他们只会在人们不做要求，没有任何期望值的领域里活动。因此，他们只能在非常有限的范围里获得他人的认可，这种认可就像他在无助的时候从别人那里获得帮助的感觉一样。

对男孩老师的分析　在交流中令我们感到困惑的除了男孩的家庭教师、妈妈及哥哥之外，还有他的老师。许多老师思想保守，做事情循规蹈矩，心理分析一类的东西在他们看来是异端邪说。有些老师担心心理分析会削弱他们的权力，更有甚者将心理分析视为不正当的手段。心理学是一门学科，没有经过长期的研究是无法掌握的。如果人们总是以一种错误的态度对待心理学，那么心理学对人类社会就不会产生很大的价值。

教育从业者必须拥有一颗宽容的心，以兼容并包的心态面对心理学提出的观点是明智的选择，即使有些观点与目前主流的观点存在分歧。就男孩的案例来看，我们也不能完全否定老师的观点，那么我们究竟应该如何解决男孩的问题呢？根据以往的经验来看，最有效的方法就是让男孩走出目前的情境，换句话说，就是给男孩转学。只有这种方法不会给任何人造成伤害，我们可以在其他人都不知道的情况下，帮助男孩卸下沉重的负担。对于进入新学校的他来说，一切都是陌生的，不用再担心引来别人的嘲笑。但具体如何操作，不是三言两语可以解释清楚的，还要看孩子的家庭环境能够发挥怎样的作用。对于孩子的不同情况，还要采取不同的操作方式。如果教师对个体心理学有所了解，那么在处理这类问题时就会轻松一点，他们会带着理解和包容的心态来面对这些孩子，为孩子提供合适的帮助。

阿德勒经典语录

遗传和成长环境只是单纯的"材料"，只有你能决定如何使用材料，来打造舒适的家。

| 第四节 | **每个孩子都有追求优越感的冲动**

除人格统一体之外，人性当中的另一重要心理学事实就是人们对优越感和成功的追求。追求优越感与自卑感也是息息相关的，正是因为人们感到自卑，才会有追求优越感的欲望。优越感与自卑感其实是同一心理现象的两个方面，为了能够更好地分析，我们尽量把它们分开研究。本章主要研究分析孩子对优越感的追求及其在教育方面的意义。

追求优越感的欲望是否与生俱来　关于追求优越感的第一个问题——追求优越感是否与生俱来。对于这一问题，我们的回答是：这是个不太可能成立的假设。我们不认为追求优越感的心理一定是与生俱来的，但有一点必须承认，对优越感的追求一定是以某种胚胎形式存在的，而且有潜在的发展可能，换言之，人性与追求优越感是紧密相连的。

人类的活动范围十分受限，人的某些潜能可能永远得不到发展。例如，人类不能拥有和狗一样的嗅觉，无法直接用肉眼看见紫外线，只有一些功能性的能力可以得到进一步的发展。也正是因为人的某些能力能够得到进一步的发展，我们才可以找到人类追求优越感的生物学依据，也是人类的人格心理发展的根源。

不管是成年人还是孩子，在任何情况下都会有凸显自我的冲动，且这种冲动无法根除。任何人都无法一直忍受屈从于别人，为了尊严，人甚至可以推翻神祇。被轻蔑、被侮辱及自卑总会促使人们想要通过一定的成就来消除这种感受，达到更高的目标直至完美。

14 岁男孩的案例　个体心理学表明，伴随孩子的某些特殊情绪是环境力量造成的。一些环境力量带给孩子自卑感、无力感和彷徨感，这些感觉反过来会刺激孩子的心理，于是孩子下定决心摆脱这些感受以获取心灵上的平衡。孩子的这种欲望越强烈，他的目标就越高，因为目标越高，就越能证明他的能力。由于孩子的生活经验不足，他们给自己定的目标往往会超过人类本身的能力界限。年幼的孩子总是能够获得他人的帮助，这就给他们造成自己有朝一日可以成为上帝的假象。通过观察得知，有些孩子会被成为上帝的想法控制，这往往表现在相对比较脆弱的儿童身上。下面我们以一个 14 男孩的案例来说明上述情况。

　　我们试图让这个 14 岁男孩回忆自己的童年，他说在他 6 岁的时候因为不会吹口哨而沮丧。突然有一天，他会吹了，当时他非常震惊，认为这是上帝降临在他身边的结果。这个案例表明，脆弱感和设想自己是上帝式的人物之间存在某种联系。

　　儿童追求优越感的表现　我们通过观察一个孩子对优越感的渴望来探测他的野心。当孩子的自我肯定欲望十分强烈时，他的心里就会产生嫉妒情绪，他希望自己的竞争对手能够遭受厄运，当这种想法已经不能仅仅停留在心里时，嫉妒之火就会转化为行动，孩子就有可能走上犯罪的道路。他会用辱骂别人，揭露别人隐私的方式来增加自己的价值。他不能容忍别人在任何领域中超过他，所以对他来说，增加自己的价值与降低他人的价值是一样的。当孩子对权力的向往开始膨胀时，他可能会变得恶毒并产生报复心理。这样的孩子总是一副好斗且无畏的样子，这一点从他们的外表就可以看出来，他们目光闪烁，总是容易突然大发雷霆，而且时刻准备和别人搏斗。对于想要追求优越感的孩子来说，参加学校的考试是非常痛苦的，因为这种考试往往会暴露他们的弱点。

考试的安排要适应学生的心理特点，考试对于不同的孩子来说，意义也是不同的。有些孩子认为考试是一件极其痛苦的事，面对考试，他们脸色发白，身体颤抖，说话结巴，他们又恼羞又害怕，大脑里一切与考试有关的内容全部被清空。还有一些孩子无法单独回答问题，因为他们害怕别人看着他。

孩子对优越感的追求，还表现在他们玩的游戏中。例如，赶马车的游戏，对优越感有着强烈渴望的孩子一般不会愿意扮演马这一角色，如果别的伙伴扮演了赶马车的人，那么他一定要是那个领头人或者指挥者。若是他没有成功扮演自己想要的

角色，他就会扰乱整个游戏，并以此为乐。更糟糕的是，这种孩子如果在游戏中连番受挫，他们的雄心就会崩塌，以后再遇到新的情况，就会不由自主地退缩。

拥有雄心壮志且未遇到过挫折的孩子通常喜欢具有竞争性的事物，在遇到挫折之后，他们同样会表现出惊慌和害怕。从孩子喜欢的历史人物中可以判断出他们肯定自我的程度和方向。很多人崇拜拿破仑，对于野心勃勃的人来说，拿破仑的确是不错的偶像。妄自尊大的人总会带有自卑感，他们喜欢做白日梦，只有这样才能让他们找到现实之外的满足感。

每个孩子追求优越感的方向都有所不同，我们可以根据方向的不同将其分为若干类，但我们无法将类别划分得十分清晰，因为有些差别是很细微的。这些差别源自孩子的自信程度。在良好环境中成长的孩子多半会通过有益的建树获得优越感，他们会按照老师说的去做，是老师眼中的好孩子。但根据多年的调查来看，这种情况并不占多数。

野心勃勃并非好事　还有一种孩子，他们为了超越别人，做出的努力不同寻常，令人怀疑。他们的努力带有雄心的成分，这一点往往不会引起人们的注意，因为人们通常将有雄心视为优点，并鼓励孩子为自己的雄心努力奋斗。这种做法是不科学的，因为过高的目标会阻碍孩子的正常发展。雄心太大会使孩子紧张，或许短时间内孩子还能够承受住这种紧张感，长此以往，紧张感势必加剧。

学龄期的孩子会花更多的时间在书本上，因为他们迫不及待地想要在成绩上超越其他同学，这也缩短了他们做其他事情的时间，自然也就回避了许多学习之外的其他问题。孩子如此成长并不能令我们满意，因为在这种情况下，孩子的身心不能得到健康发展。我们应该告诉孩子合理地分配时间，除了读书，要多出去走走，多多结交朋友，多和伙伴们一起玩耍，还要留有精力去关注其他的事情。

我们在调查中还发现有两个孩子在班级里暗暗较劲。经过仔细观察，发现这些竞争欲望很强的孩子身上总有些令人反感的特点，比如他们容易羡慕别人，还嫉妒别人取得的成绩，一个拥有独立人格且生性和谐的孩子是不会有这种特点的。看到别的孩子取得成功，他们会感到苦恼；得知别人超越了自己，他们就会出现神经性头痛、胃痛等症状；看到别的孩子受到了表扬，他们会悄悄躲到一边，当然，他们也从不赞美别人。种种迹象表明，这些孩子的雄心过重。

雄心过重的孩子不容易与别人相处，他们总想指挥别人，即便是做游戏，他们也不愿意遵守规则，这样一来，他们就越来越不愿意和伙伴们一起玩，并且以高傲的态度对待同学和朋友。同学之间的相处令他们不愉快，在与同学相处的过程中，他们总是担心自己的地位受到威胁。他们从未对取得成功充满信心，一旦感受到自己身处的环境不够安全，就会心生慌乱，他们始终背负着别人对自己的期待及自己对自己的期待。

这些孩子能够敏锐地察觉到家庭对他的期望，他们总是怀着紧张而激动的心情去完成家人交给他们的任务，因为他们时刻提醒自己要超越别人，成为万众瞩目的人。即便弱小的身躯承载不了那么多，他们仍旧选择负重前行。

如果我们掌握了可以让孩子避免遭遇挫折的方法，也许就不会有"问题儿童"了。既然遭遇挫折是无法避免的，那么赋予孩子过高的期望就是有害的。这些孩子遇到困难（我们所说的困难是指无法避免的困难）时的感受与那些拥有健康心理的孩子是不同的，有雄心的孩子在遇到困难时会丧失勇气，而勇气是解决问题必备的要素。

雄心勃勃的孩子只在乎事情的结果，即是否得到别人的肯定，如果没有，他们就无法从自己付出的努力中获得成就感。当困难出现时，保持心理平衡比着手解决问题更加重要。然而一个只关心结果的孩子是意识不到这一点的。在他们心里，缺失了别人的肯定和崇拜是不能活下去的，这样的孩子不占少数。

对于有生理缺陷的孩子来说，维持对自身价值的正确判断是多么重要。很多人都不知道，我们的左半部身体比右半部发育得好。一个左撇子的孩子在这个以右撇子主导的文明社会里会遭遇很多困难。左撇子儿童在书写、阅读、绘画等方面存在很多障碍，在运用的时候总是显得笨拙。我们可以通过一个简单的方法测试孩子是否为左撇子：让孩子双手十指交叉。左撇子的孩子的左手大拇指会在上面。令人吃惊的是很多人不知道自己是天生的左撇子。

在通过调查一些左撇子孩子的生活之后，我们发现：这些孩子通常得到的评价是——笨拙。这种情形就像一个长期居住在右车道行驶的国家的人突然到了一个左车道行驶的国家是多么地不习惯。左撇子孩子的感受只会更加糟糕，在家里，其他人都使用右手，只有他习惯使用左手，于是，他的这一习惯就干扰了家人的生活。在学校学习写字时，他的水平总是低于其他同学。由于他的苦衷无人知晓，他总是被批评，因为总是获得不好的成绩。这样一来，他就会认定自己的能力不如别人，以后都无法与他人竞争。

这种孩子即便不会一蹶不振，也会在很多情况下放弃努力。他们看不清自己的真实处境，也没有人告诉他们应该怎样面对困难，所以，对他们来说，要继续努力是非常困难的。很多孩子在没有接受过右手训练的情况下，字写得潦草难看。有很多事实证明这一困难可以被克服：许多著名的书画家是天生的左撇子，他们通过右手训练掌握了熟练运用右手创作的能力。

生活中流传着一个迷信说法：天生的左撇子在接受右手训练之后，说话会变得结巴。我们对于这一现象的解释是：左撇子孩子一般会面对更多的困难，他们甚至失去了说话的勇气，这也可以用来解释为什么神经病患者、自杀者、罪犯和变态当中有很多人是左撇子。事实上，克服了左撇子带来的困难的人在人生中会取得较大成就，这一情况多半发生在艺术领域。

尽管左撇子这一特点不是那么起眼，但它让我们意识到增加孩子面对困难的信心和勇气的重要性，否则我们就无从知晓孩子的能力和潜力。如果我们一直鼓励他们，就能激发他们的潜能；如果时时给他们灌输他们会一直遇到挫折，那么他们一定不会成为我们期望的样子。

学校与老师扮演的角色　雄心过大的孩子之所以总是处于困境，是因为其周围的人总是以外在的成功来衡量他们的价值，从不关注他们为了克服困难而付出的汗水。当下的社会关注更多的是一目了然的成就，而忽视了全面的教育。我们都知道，未经努力而获得的成功是很容易失去的，因此将孩子变得野心勃勃不见得有益处，重要的是培养孩子的勇气、坚强和自信心。如果教师能够判断出一个孩子在某个领域是否有取得成功的希望，这一点对于孩子的成长和发展十分有利。

有些老师会采取极端的教学手段，他们通过给那些在他们看来没有雄心的孩子较低的分数来激励这些孩子，如果这些孩子还保留着些许勇气，那么在短时间内，老师的方法可以奏效，不过这绝不是一个可以普遍适用的方法。那些成绩已经差到一定程度的孩子会被这种方法逼得不知所措，甚至会变得越来越愚笨。

如果老师以一种宽容理解的态度来对待这些没有雄心的孩子，他们就会展现出我们意想不到的能力。以这种方式找回自信的孩子往往会表现出更大的雄心，因为他们害怕再次回到原来的困境里，过去的一事无成带给他们的挫败感时时鞭策着他们继续前进，以至于在日后的生活里，他们像是变了一个人，抓紧一切时间努力工作和学习，却还是觉得自己做得不够。

个体心理学的基本思想是个体（包括成人和儿童）的人格是一个统一体，人格的表达与个体逐渐形成的思维模式是一致的。脱离一个人的人格来判断他的行为是错误的，因为单独的某一行为可以有多种解释。如果我们把学生拖延时间去学校看作是他对学校布置的任务的逃避，那么对于这一行为进行判断的确定性就不存在了。孩子的这种反应就是在表达他不想上学，也不想完成学校布置的任务，他还会想尽办法敷衍学校的要求。

从上述观点出发，我们就不难理解所谓的"坏孩子"了，他们之所以不想上学，是因为他们追求优越感的心理还没有成功转换为接受学校对他们的要求，反而对学校的安排有所抵触，于是就表现出一系列相应的行为特征，最终陷入无可救药的地步。他们越来越喜欢当一个哗众取宠的人物，调皮捣蛋，引人嘲笑，甚至还会结交社会上的不良青年。

由此我们可以看出，老师不仅掌握着学生的命运，还决定着他们未来的发展。学校教育对孩子的未来生活有着决定性的作用，学校教育处于家庭教育与社会教育之间，它可以帮助矫正孩子在家庭环境中形成的坏习惯，也有责任帮助孩子做好进入社会的生活准备，以确保他们能够和其他社会人一起奏响和谐乐章。

站在历史的高度考察学校的作用，我们会发现学校总是按照当时的社会理想来教育和塑造个体。在不同的历史阶段，学校先后为贵族、资产阶级和平民等服务，也总是按照当时的时代标准来教育儿童。今天，学校也必须为适应已经变化了的社会理想而做出改变。如果当今社会的理想是独立、能够控制自我并且勇敢的，那么学校教育就应当调整为培养符合这种社会理想的人。

学校不能将自己视为教育本身，而是应该秉承一个宗旨：培养孩子是为了社会的发展而不是为了学校本身。因此，对那些不愿努力的孩子，学校也不能放弃。这些孩子不一定就是缺少对优越感的追求，或许他们把精力放在了其他方面，他们认为这些事情做起来不费力气且容易成功，不管他们的这种想法是对还是错。或许他们在之前的生活里就已经为这些事情做出过努力，所以尽管他们不会在数学方面取得优异的成绩，但是他们可以在体育方面大展拳脚。

教师千万不能忽略孩子的长处，而应该将孩子的长处作为教育的突破口，鼓励他们在自己擅长的领域里取得进步。如果老师一开始就能敏锐地察觉到孩子擅长的东西，并由此建立孩子的信心，让孩子相信他们同样可以在其他方面取得成就，这样的教育就会取得事半功倍的效果。这就像把孩子从一个花园引向另一个花园。既然孩子（天生有智力障碍的孩子除外）都具备完成学业的能力，那么所要克服的困难只不过是人为造成的障碍。人为的障碍源自学校在评估孩子的时候没有参照教育的终极目标和社会目标，而是完全按照孩子取得的抽象的学业成绩进行评估。这种做法容易使孩子丧失信心，其结果就是孩子为了追求在学校的优越感而放弃了此前正在进行的其他有益的活动，因为从事这些活动，没有人会在意，更难以获得优越感。

遇到这种人为的障碍，孩子会怎么做呢？他们会选择逃避，我们经常发现他们做出一些古怪的行为，他们变得顽固、没有礼貌，这样的行为当然不会获得老师的表扬，却能吸引老师的注意，或者引起其他同学对自己的羡慕，这样的孩子经常通过制造麻烦将自己塑造成自己眼中的英雄人物。

上文所述的心理表现和一些不规范的行为是在孩子接受学校的种种考验时暴露出来的，其根源并不都在学校，虽然孩子的种种奇怪表现是在学校里显露出来的。学校除了有帮助学生矫正不良行为的责任，它还是一个试验站，在这里可以发现孩子在学龄前接受家教时养成的坏习惯。

一个称职且敏感的教师在孩子入学的第一天就可以观察出很多东西。因为孩子不会掩饰自己，他们很快就会暴露出自己在家备受宠爱的迹象，他们觉得学校这个新的环境带给他们的是痛苦和不适应。刚刚入学的孩子还不知道如何与别人相处，所以在这种情况下，培养孩子的交往能力是最重要的，如果孩子在入学之前就掌握了一些交朋友的能力，那就最好不过了。在家里，我们不能让孩子只依赖某一个人，在家里养成的不良习惯可以在学校里得到改正，最好的情况是孩子没有养成这种不好的习惯。

家庭环境对孩子追求优越感的影响　让一个在家里被宠坏的孩子能够迅速集中精力学习几乎是不可能的，此时的他更愿意待在家里，他对学校的认识只停留在自己的想象里，甚至厌恶学校。例如，父母每天催孩子起床需要花费很大的力气，还要催着他洗脸刷牙、吃早饭。孩子似乎是给自己的进步构筑了一面难以逾越的墙。

解决上述问题与解决左撇子的问题一样，我们要给孩子足够的时间去适应、学习，不能因为他们上学迟到就惩罚他们，惩罚只会增强他们对学校的厌恶。如果父母采用体罚的方式强迫孩子上学，那么孩子不仅更加排斥去学校，还会寻找别的办法应对当下的处境。他们所采取的任何办法在本质上都属于逃避，而不是真正面对困难。孩子厌恶学校，排斥课业，这一点从他们的行为就可以看出。他们总是将书本摆放得乱七八糟，到了学校才想起有的课本忘了带，如果孩子习惯性地忘带课本，我们就可以判定他的学校生活并不顺利。

通过我们的观察发现，这些孩子对学业上的进步不抱希望，他们低估自己并不完全是他们自己的错，周围的环境让这个想法在他们的心里萌生。父母在生气的时候可能会不经意间说出"你这孩子将来也不会成才"这类言语，孩子进入学校之后，发现自己好像正如父母说的那样。年幼的孩子缺乏判断和分析能力，可怕的是父母也缺乏这种能力，这就导致孩子还没开始努力就已经放弃了，他们将自己的失败视为不可避免的事情。

大多数事情都是如此：一旦错误已经形成，就很难再矫正，此外，这些孩子分明已经做出努力，却还是落后于别的孩子，既然如此，又何必继续努力，他们很快就会放弃希望，找各种借口不去学校。逃学的性质是相当恶劣的，对这种行为的惩罚通常也很严厉，孩子为了躲避惩罚，更是想尽办法用谎言自保，他们会向老师隐瞒家长的态度，篡改成绩单，编造有关自己在校表现的谎言欺骗父母，实际上，他们逃学已久。上课期间，他们想办法隐藏自己的行踪，和他们一起的当然是和他们一样的孩子。在逃学的过程中，他们更加没有追求优越感的欲望，糟糕的是他们将逃学行为逐步演变为犯罪行为。他们觉得做些拉帮结派的事情，自己就可以成为男子汉了。

一旦孩子走上逃学之路，就会不断地满足自己的野心，只要行动还未被察觉，他们就会得寸进尺，一意孤行地在这条路上走下去，在这条路上他们获得了一些成就感，并且认为自己不会在其他方面取得成功了。他们在自己的朋友圈里暗暗较劲，不断膨胀的野心驱使他们走向犯罪。一个有犯罪倾向的孩子也是一个极度自负的人，他的自负与野心有着相同的根源，强迫主人突出自己，当孩子无法在生活中积极的方面产生成就感时，他就会转向消极的方面。

下面我们要说的是一个孩子杀死教师的案例。通过观察这个孩子，我们在他身上发现了所有上文中描述过的特征。他的女家庭教师自信深谙心理学（包括心理功能和心理表达）。这个男孩从小接受的就是严厉的管教，使得他的目标从一开始的不切实际最终变为什么都没有，对自己失去信心。家庭和学校都满足不了他的期望，他只能选择犯罪，通过犯罪摆脱一直以来束缚他的管教。

从事与教育相关职业的人都能观察到这样一种现象：父母

是教师、医生、律师，其孩子总是比较任性。这种任性的孩子不仅会出现在那些没有多少心理学知识的家庭里，一些在我们看来相当有文化的家庭也会培养出这样的孩子。尽管他们有职业上的优势，但并不一定有能力维护好家庭秩序。在这类家庭中，有一个不容忽视的现象：不理解孩子。部分原因是一些身为教育者的父母总是运用他们的理智给孩子桎梏，他们信仰自己设定的权威，把一些条例强加在孩子身上，用铁血手腕压迫子女。他们的做法破坏了孩子的独立性，并且激起了孩子的反抗情绪。父母的这种特别教育会越来越倾向于监视，从某种角度来说，这是一件好事，但是这同样也会让孩子越来越希望自己在任何时间、任何地点都能成为焦点。这样一来，孩子就把自己当作一件展品，并认为他人应该为自己负责，因为他们是别人操控之下的试验品，所有的困难应该由他人解决，自己不用负任何责任。

阿德勒经典语录

不要逞强让自己看起来很强，而是让自己真正强大起来。

通过前面的内容我们可以知道，每个孩子都有追求优越感的冲动，父母和老师的责任就是引导孩子朝着积极的方向追求优越感，确保孩子的追求能够带给自身健康的精神状态和幸福感，而不是引发心理疾病。

区分有益的追求与无益的追求　对优越感的追求也有有益与无益之分，那么区分的标准又是什么呢？答案应该为：是否符合社会利益。纵观历史，有价值的东西都是符合社会利益的，每一个伟大的创举不仅对做出创举的人有价值，更重要的是惠及了社会大众。因此，对孩子的教育关键在于培养孩子的社会感情，要增强他们和社会紧密相连的意识。

什么样的人才是对社会发展有益的，对于这一问题，每个人的看法不同。个体行为对社会的影响是显而易见的，这就意味着我们在做事情之前要考虑后果。事物的价值即便不能立即体现出来，早晚有一天也会水落石出。在生活中，我们并不需要经常用复杂的判断方式去衡量一种行为是否对社会有益。社会运动、思想潮流等，这些大事件的结果没有人能够准确预测，但在个人生活中，行为有益与否不难判断。从科学的角度来看，人的问题受到地球、宇宙和人类关系的制约，没有什么东西是完美的、完全没有弊端的。关于人类与宇宙的关系问题，或许我们无法找到答案，但问题的答案就在问题里面，只有参考这个问题的相关资料，才能验证已经做出的答案的正确程度，但是往往检验一种答案的时机迟迟不来，以至于我们没有足够的时间纠正已经出现的错误。

因为大部分人不能用逻辑思维并且站在客观的角度审视自己的生活结构，所以他们无法理解自身行为的相关性和一致性。一旦出现问题，人们就会陷入恐慌，而不是想办法解决问题，认为是自己的方向出了问题。对于孩子来说，如果他们偏离了对社会有益的方向，就很难从消极状态中获得积极的经验，因为他们现在还无法理解问题的本质究竟是什么。因此，我们要告诉孩子，每个人都是世界的组成部分，任何事情都是在个体生命这个大背景下发生的，只有参照以往的事情，现在的事情才能完全被理解。只有当孩子了解了这一点，他们才会理解自己偏离轨道的真正原因。

懒惰行为　从表面上看，懒惰行为与儿童追求优越感在理论上相悖。父母常常批评孩子的懒惰行为，对他们没有表现出对优越感的渴望而感到失望。如果我们仔细观察孩子的行为，就会发现父母的观点其实是错误的，懒惰的孩子也能获得懒惰带来的好处。懒惰的孩子不需要背负别人对他的期望，不需要为了获得别人的认可而努力，保持闲散、无所谓的状态即可。即便他们做不出什么成绩，别人也会原谅他们。他们的懒惰也会引起别人的注意，至少他们的父母要为他们操心。这样我们就不难理解为什么有的孩子要通过偷懒的方式引起别人的注意。

目前，心理学对懒惰的分析并不全面，孩子希望通过懒惰应付自己当下的处境，将自己无法取得好成绩归因于懒惰，别人也很少指责他们没用，他们的父母也会说："只要我的孩子愿意努力，什么事都能做成。"孩子也很喜欢这种说法，因为这对他们来说是个不错的借口，同时也满足了他们无法取得成功的补偿心理。对孩子来说是如此，对成人也一样。这种类似欺骗的说法（如果他们不懒惰，就能取得成功）让孩子觉得他们的毫无成就是理所当然的，当他们真正通过努力做成了事情，这些事情就会在他们心里形成特别的意义。他们取得的点滴成就与之前的懒惰形成鲜明的对比，从而获得许多表扬，而一些一直在埋头努力的孩子反而得到的表扬更少。

懒惰行为包含着许多行为技巧，懒惰的孩子像是在走钢丝，下面有一张保护网，即便失足摔下，也不会受伤。人们对懒惰的孩子的批评总是要比对其他孩子的批评温和许多，温和的批评对孩子自尊心的伤害也更少一点。总之，懒惰是缺乏自信的孩子的保护伞，为他们的不努力提供了借口。

考察一下当下的教育方法，我们不难发现，这些教育方法正好满足了懒惰孩子的需求，父母和老师越是责备孩子懒惰，就越发能够投其所好，对懒惰行为关注转移了父母和老师对孩子的能力的注意力，这正是懒惰的孩子希望的。一些老师总是用惩罚的方式逼迫孩子改正懒惰的毛病，但他们都以失败告终，即便是最严厉的手段也无法把一个懒惰的孩子变得勤奋。

如果一个懒惰的孩子真的发生了转变，只会是情势所致。比如，这个孩子意外地获得了某种成功；严厉的老师变得温和起来，这个老师理解孩子的想法，能够心平静和地和孩子谈话，不会削弱孩子的勇气。在这种情况下，孩子由懒惰转为勤奋往往是突如其来的。

找借口获得特殊照顾 孩子为了逃避努力，除了用懒惰作为借口，有时还会装病。有的孩子会在考试的时候表现出情绪上的波动，他们认为老师应该考虑到他们紧张的心理，并因此给予他们一些特殊的照顾。孩子爱哭也表现出同样的心理，紧张的心理状态和哭闹都是他们想要获得特权的借口。有些孩子还会因为自己的某些缺陷而索取特殊照顾。例如，说话结巴的孩子。几乎所有的孩子在刚刚学会说话的时候都会表现出轻微的口吃。语言功能的发展受诸多因素的影响，其中最主要的因素是孩子的社会情感。社会意识强，愿意与他人相处的孩子与总是躲避他人的孩子相比，学习说话的速度更快。在某些场合，孩子根本没有说话的机会，被过分保护和溺爱的孩子总是遇到这种情况，他们还没来得及表达自己的想法，父母就已经猜到并且满足了他们的要求（聋哑孩子另当别论，他们需要得到父母的这种照顾）。

语言能力发展缓慢有可能是环境造成的　有些孩子到了四五岁还是没有学会说话，父母开始担心孩子会不会患上了聋哑病，但他们很快就会发现孩子的听觉并没有出现问题，这就证明孩子是正常的。我们发现，这些孩子总是生活在一个似乎他们的存在是多余的环境里。家长把一切都准备好，放在孩子面前，那么他们就没有说话的必要了，孩子学会说话的速度就会变慢。孩子的说话能力能够体现他们对优越感的追求及追求的方向。孩子通过说话表达自己对优越感的追求，无论是牙牙学语带给家人欢乐，还是用言语表达自己的日常所需，其目的都是一样的。如果孩子不能通过这两种形式表达自己，孩子的语言能力发展就会受限。有的孩子会有语言缺陷，总有一些音节是他们无法发出来的，这些缺陷都是可以矫正的。奇怪的是，我们仍旧看到有些成年人口齿不清。

一个关于 13 岁男孩的案例　随着年龄的增长，很多孩子都会改掉口吃的毛病，只有一小部分的孩子需要接受治疗。我们通过一个 13 岁男孩的案例来解释这个治疗的过程。男孩从 6 岁开始接受治疗，治疗持续了一年的时间，效果并不明显。接下来的一年里男孩没有接受关于说话的专业指导。又过了一年，父母给他换了一位医生，可是效果还是不明显。第四年仍旧没有采取治疗措施。到了第五年，一个专攻语言障碍的医生接手了这个孩子的治疗，可是他把男孩的情况弄得更加糟糕。过了一段时间，父母把他送进了一所专门矫正语言障碍的学院，此次治疗持续了两个月，男孩的症状有所好转，可六个月之后男孩又回到原来的状态。在之后的时间里，父母又给男孩换了几个医生，还是没有任何效果，而且情况越来越糟糕。

所有的医生采取的治疗方法基本上都是训练孩子大声朗读、缓慢说话及其他口舌练习。在治疗的过程中，医生发现某个兴奋点可以刺激男孩取得暂时性的进步，但很快又回到原来的样子。虽然他曾经从二楼摔下来，造成脑震荡，但他并没有器官上的缺陷。他的老师这样形容他：教养好，勤奋努力，容易脸红，脾气不太好；法语和地理是他最差的两门学科；考试的时候，他的情绪容易激动；他的爱好是体操运动，也喜欢做一些技术性的事情；他没有在任何方面表现出领导者的特质；他和同学相处得很好，但有时会和弟弟吵架；他是个左撇子，他的右脸还得过中风。

我们对男孩的家庭环境也做了一些了解。他的父亲是个商人，神经总是绷得很紧，一旦男孩说话口吃，父亲就斥责男孩，即便是这样，男孩还是更害怕他的母亲，同时也觉得母亲偏爱弟弟。男孩有一个家庭教师，所以他大部分的时间都是在家里度过。男孩也渴望自由自在，想去外面看一看。

从以上事实中，我们可以得出这样的结论：男孩容易脸红意味着，一旦他和别人交流，他的情绪就会变得紧张，这是一个与他的口吃习惯相关的现象。他喜欢的老师都无法治愈他的口吃，因为这一习惯已经在他的系统里机械化了。

口吃的根源并不在于口吃者所处的外在环境，而是他对环境的感知方式，他的敏感度和易怒的性格特征在此扮演了重要角色。口吃的症状不代表口吃者都是消极的、被动的，相反，它更能体现口吃者对优越感的承认和追求，这一点就反映在他的敏感度和易怒特征中。内心脆弱的人通常也是如此。上文中我们说到男孩和同学相处得很好，但会和自己的弟弟吵架，这一点体现出他的不自信；考试前情绪会激动，这说明他很紧张，因为他担心自己会失败，害怕考试的结果会让别人觉得自己的天分比别人差，这种强烈的自卑感让他对优越感的追求朝着对自己和社会无益的方向发展。

这个男孩并不排斥上学，比起学校，家庭环境让他觉得更加不舒服。在家里，他的弟弟是大家的焦点，弟弟就像一盏闪光灯一样把他挤到了家庭的边缘。由此判断，他的口吃不完全是由身体受伤或者受到惊吓导致的，但不可否认的是，这些不幸的经历使他丧失了勇气。还有一点值得我们注意，这个男孩直至 8 岁还会尿床。在我们之前研究的案例中，持续尿床的孩子总是发生在被宠坏了之后又被剥夺了"皇冠"的孩子身上。男孩无法摆脱尿床的毛病，这一点说明他在夜间也想吸引母亲的注意力。

只要我们一直鼓励这个男孩，培养他的独立能力，他的口吃是可以治愈的。我们可以给他安排一些他可以完成的任务，让他在这些任务中重新建立自信。这个男孩承认弟弟的出生让他很不开心，我们的任务就是让他明白，是嫉妒心理让他走错了方向。

伴随口吃的还有其他症状有待说明。例如，当口吃者情绪激动时会怎样？有的口吃者在发怒骂人时就不会口吃，这个事例说明口吃者与他人的关系是他是否口吃的关键因素。也就是说，当口吃者必须与他人接触，要用语言来建立与他人之间的关系时，他的神经就会紧绷，口吃症状就会得到缓解。

如果孩子在学习说话的时候没有遇到任何困难，那么父母就会忽视孩子的进步；如果他在这一过程中屡屡碰壁，他就会成为所有家庭成员关注的焦点，孩子自己也会过分关注这个问题，从而有意识地控制自己的表达。然而，有意识地控制自己的行为会引起身体功能的紊乱。梅林克的童话《癞蛤蟆的逃脱》就说明了这一情况：癞蛤蟆遇到一只千足虫，它很好奇这只千足虫是怎样调配那么多只脚的，于是它问癞蛤蟆："你跨出去的第一步迈的是哪只脚？剩下的脚又是按照什么顺序迈出的呢？"千足虫开始思考自己的步伐，并观察自己的脚，它也想准确回答癞蛤蟆的问题，结果自己也被弄糊涂了，都不知该如何走路了。

尽管口吃对孩子的影响相当深远，家庭对患有口吃的孩子的关注不利于其成长，但仍旧有很多人没有为改善这一状况而努力，反而寻找各种借口去遮掩。

　　每个孩子都有依赖性，并希望将自己的劣势转化为优势。巴尔扎克笔下的一个故事充分说明了这一点。他描绘了两个都想占对方便宜的商人，在双方讨价还价的时候，其中一个商人开始说话结结巴巴，希望通过降低语速的方法赢得计算利润的时间。他的对手很快识破这一诡计，马上找到应对措施——装聋，他装作什么都听不见，佯装口吃的商人不得不想尽办法让对方明白自己的意思，这样一来，他又给了对方充分的思考时间，他们就扯平了。

　　尽管有些口吃者会利用自己这一劣势来争取时间，我们仍旧不能像对待罪人一样对待他们，我们应该给予他们鼓励和信任，增强他们的勇气，这样才能使他们康复。

· 阿德勒经典语录 ·

　　优越情结是自卑情结的产物。

第四章

04

培养社会感情，
连接孩子与世界

　　良好的社会情感可以帮助孩子拉近与别人的距离，在与别人相处的过程中可以宽容、体谅、尊重别人，还可以为孩子在将来面对竞争和压力做好准备。拥有良好社会情感的孩子在逆境中也可以保持乐观的心态，无论环境如何变化，他们始终是有责任心的孩子。

第一节 | **孩子在家庭中的位置**

　　儿童在没有接触社会之前就已经根据自己所处的生存环境形成自己的印象和看法，而且这种看法也会随着他的成长环境的变化而变化。不难发现，在一个家庭中，即便一母同胞的兄弟姐妹，他们的性格也会有很大的反差，因为长幼顺序让他们以不同的方式在同一个家庭中成长。

　　儿童在成长过程中会形成一套自己的思考模式和行为模式，以此来指导自己的行为并对不同的情境做出反应　在孩子尚且年幼之时，我们只能初见端倪，经过几年的练习，这种模式就会通过强化形成不易改变的定式。孩子的行为不完全是客观的反应，在很大程度上是受到对以往生活经验的理解的影响。一旦他们对某些情境产生错误的理解，这种错误的理解就会对他们以后的行为产生决定性的作用。如果这种源自儿童时期的错误判断没有被及时矫正，日后不管用何种方法都不能轻易改变他们的成人行为。

在儿童成长期间，会形成属于他们自己的一些主观的东西。家长、老师及其他教育者要了解孩子独特的性格，不能用完全相同的法则来教育不同的孩子，这也是同样的方法用在不同的孩子身上产生不同效果的原因。

此外，如果看到不同的儿童用相同的方式对某一情境做出反应，家长千万不可认为是自然法则在发挥作用。原因是，当他们对一些事物的理解和判断不够深入准确时，就会做出相同的反应，故而犯同样的错误。通常情况下，当一个家庭再次迎接新生命时，之前出生的孩子就会产生嫉妒心理。其实从另一角度看就可以反驳这个观点，如果我们在他们的弟弟妹妹出生之前就已经和他们进行沟通，让他们对新生命的降临有个正确的认识，这种嫉妒心理就不会产生。对于弟弟妹妹没有正确认知的儿童就像是一个站在岔路口的游客，不知道该何去何从，最终，他找到一条正确的道路并且顺利到达目的地，却听见有人惊奇地说："几乎每一个站在岔路口的人都选错了方向。"而那些做出错误判断的儿童就会在这条充满选择诱惑的道路上徘徊，有些路看似好走，所以才会引诱一些儿童。

同胞竞争导致孩子们走向不同的极端　还有很多情境会对儿童的人格产生深远的影响，比如在多子女家庭中，孩子们之间隐藏的竞争。

不难发现，在同一家庭中的两个孩子往往表现得一好一坏，通过研究可以发现，那个"坏孩子"对优越感有着强烈的追求，他希望所有人都可以受他摆布，并想方设法使周围的环境也受他影响，以至于家里到处都可以听到他的叫喊声。而另一个孩子则表现得相对安静、谦和，因此会受到其他家庭成员的偏爱并成为那个"坏孩子"的榜样。

多数父母很难理解在同一家庭中会出现这种情况，他们自认为对待两个孩子的态度及方法都是一样的，所以不应该出现"一好一坏"的情况。

通过研究分析可以发现，这样的"一好一坏"，是因为过于强烈地执着于优越感，使得孩子们向着两个极端的方向努力。"好孩子"发现可以通过优秀的表现得到别人的认可，并且使得自己在同胞竞争中取得胜利。而当这种竞争在家庭中出现时，"坏孩子"通常只能选择反其道而行，加倍地调皮捣蛋。

家长不能因为两个孩子在同样的环境下成长就对他们的未来做出相同的判断，对于任何两个不同的儿童来说，他们拥有的成长条件都是不同的。

　　家庭位置的转变让孩子失去对优越感的追求　　许多案例表明，原本的好孩子也会在成长过程中变成不良儿童。拥有良好人格的儿童也会受到不良儿童的影响。

　　下面我们来看一个关于 17 岁女孩的案例。这个女孩 10 岁前都表现得十分优秀。她有个比她年长 11 岁的哥哥，在她没有出生前，她的哥哥是家里唯一的孩子，所以得到了父母的过分宠爱。当这个女孩出生时，哥哥也并没有产生嫉妒情绪，但是，被父母宠坏所表现出来的行为一直没有改变。这个女孩长到 10 岁时，她的哥哥就经常不在家，于是，这个女孩就越来越像家里的独生女。这种家庭位置的转变，让她开始变得自我。由于家境富裕，她的要求很容易得到满足。但是随着年龄的增长，长大后的要求也变得不那么容易被满足，所以在她的心里开始萌生出不满的情绪。为了满足自己的过度需求，她利用家里的信用四处借钱，很快就欠下了一笔债务。当她的母亲不再愿意满足她的要求之时，她就抛弃了过往良好的行为，变成一个令人讨厌的孩子。

　　从上述案例中我们可以得出一个结论：儿童会利用良好的行为去填补自己的优越感，但这并不意味着当情境发生变化时，他会一直保持这种良好的行为。孩子的生活风格体现在生活中的各个方面，我们通过心理问卷对孩子进行研究发现，一个孩子具有的感情、人格及生活风格都是为了一个目的：获得一种优越感，提升自己的存在感，能够在周围的环境中有一定的声望。

在学校里，儿童追求优越感的表现会更加明显　一些儿童往往表现出懒惰、邋遢、内向，对老师教授的知识或批评都满不在乎，他们仿佛沉浸在自己编织的世界里，没有表现出想要追求优越感的欲望。如果老师和家长的观察能够深入一点，就不难看出，这种方式虽然让人难以理解，但这也是追求优越感的一种表现形式。他们之所以用这种看似冷漠的方法追求优越感，是因为他们自身并不相信自己可以通过正常的方法获得成功，于是他们选择逃避一切可以改善自身的方式，把自己封闭起来，让别人觉得他们很坚强，而这种坚强只是他们人格中的一部分而已。在这种坚强的背后其实隐藏着一颗脆弱而敏感的幼小心灵，他们为了保护自己免受伤害，必须让自己看起来冷漠而强硬，他们给自己穿上一层厚厚的盔甲，谁都不能靠近他们，伤害他们。

沉浸在自己的世界里　当我们试图与这类儿童交流时就会发现，他们对自己的关注度明显高于周围的一切，他们沉浸在自己的世界里，并把自己虚构成为一个伟大的人，或者拥有非凡成就的人，他们就像一个英雄、一个王者，那个世界里的人都等着他们去拯救，那个世界里的人的生死权都掌握在他们手里。这种幻想会影响他们的现实生活，在现实中，他们也会扮演救世主的角色。我们可以相信，当他人处于危难之中，这类儿童会毫不犹豫地伸出援助之手，就像救世主一样去挽救众生。在这样的自信心没有消失之前，他们会一直扮演这种角色。

一些白日梦会重复出现，在奥地利君主时期，很多孩子都有一种这样的幻想：有朝一日，国王和王子会等待他们去拯救，父母很难窥探到藏在孩子心中的这种想法。那些沉迷于幻想之中的人无法适应现实，也无法做出实际且有用的事，现实与幻想之间永远存在无法逾越的鸿沟。一些孩子会采取中庸的办法，一边继续编织自己的白日梦，一边努力适应现实社会。另一些孩子则不会为了适应社会做出任何努力，而且越陷越深。当然并非所有儿童都是如此，也有一部分儿童对幻想世界没有兴趣，他们专注于现实生活，即便是阅读，他们也会选择有关历史、狩猎，以及和旅行有关的书籍。

对立的思维方式　不可否定的是，一个拥有健全人格的孩子不仅要有想象能力，也要具备适应现实社会的能力。值得注意的是，孩子会采取和成人不同的方式看待问题，在他们的认知里，世界可以被划分为两个完全对立的部分，想要走进儿童的世界，就要深谙这一点，即儿童有一种把世界分为两个对立部分的强烈欲望（上和下、好与坏、聪明或愚蠢、自信或自卑，要么全部有，要么全部没有）。

这种看待世界的方式也会体现在部分成年人身上。一旦这种认知方式形成，想要摆脱是很困难的。例如，冷和热是对立的，这是每个人都相信的，从科学的角度来看，冷和热的差异仅仅存在于温度方面而已。

在哲学思考的初级阶段也可以发现这种思维方式。这种思维方式一度在古希腊哲学体系中处于支配地位，而且时至今日，大部分学者还以这种对立的方式做出价值判断，有些人还确立了一些性质完全对立的固定程式，如生与死、上与下、男与女等。这样看来，当下儿童的认知方式与古代哲学家的思考方式非常相似，也就是说，那些与儿童拥有同样的认知方式的成年人，他们的思维方式还保留着儿童时期的特点。

或许我们可以用这样的语言来形容那些拥有"非此即彼"思维方式的人——全有或者全无。当然，这个世界从来都不是"非此即彼"的，然而依旧有很多人用这种方式去生活。其实，在这两种极端之间还存在着过渡状态。这种过渡状态在儿童身上表现为：一方面他们在强烈的自卑感中挣扎，另一方面又有着过分野心的补偿心理。在儿童身上能够体现出来的怪异性格，如偏激、固执都可以用"全有或者全无"这一认知方式来解释。我们可以得出这样的结论：这种儿童形成了一种属于自己的个体哲学，或者是与常识背道而驰的个体理智。下面我们用一个案例来说明这个问题。母亲给了她的4岁小女儿一个橙子，女孩在接到橙子之后却将它扔在了地上，并说道："你给我的任何东西，我都不会喜欢，喜欢的东西，我自己会去拿！"

既然个体在社会中"全有"的可能性很小，甚至没有，那

么这种儿童便自然而然地进入"全无"的幻想中。当然，我们并不能依此判定这种儿童无药可救。我们都知道，对于过度敏感的孩子来说，他们适应社会的能力及自我调节的能力会有所欠缺，一旦遇到困难，他们就会将自己与现实隔离，躲进自己编织的虚幻世界中，这种幻想会给他们带来一定的安全感。

对于作家和艺术家来说，保持与现实的距离是很有必要的，对于科学家来说也是如此，因为科学要摆脱现有条件的桎梏，就必须有一定的想象力。但是对于从事一般职业的人来说，那些不切实际的幻想只是对目前遇到的挫折和不满的逃避。历史可以证明，人类的领袖都是那些拥有超凡想象力并且又能把想象与现实结合起来的人。他们之所以能够成为领袖，不仅是因为他们接受过良好的教育，拥有敏锐的洞察力，还在于他们不管面对何种困难，都能表现出要战胜困难的勇气和决心。从他们的生平事迹中可以看出，他们的勇气足以赋予他们自己应对周围世界的能力，一旦条件变得有利，他们就可以毫无畏惧地直面现实，披荆斩棘，最终成就一番伟业。并不是所有人都可以成为伟人，这个世界也不需要人人都成为伟人，也没有谁可以给出既定的方法可以将儿童培养成为伟人。家长与老师在对待儿童的时候不可以采取粗暴、鲁莽的方式，给予更多的应该是鼓励。在他们的成长过程中，一步一步地向他们解释现实生活的意义，从而不断缩小他们与现实的距离。

· 阿德勒经典语录 ·

梦境所反映的画面、幻想等，都是做梦者的心中所想。

孩子在学校里的状态

　　当孩子从熟悉的家庭进入学校时，学校对于他们来说就是一个全新的环境。和其他所有新环境一样，适应学校生活也可以看作是对儿童事前准备能力的一种测试。如果他们做了充分的准备，就能顺利通过测试，反之，就会暴露出不足。

　　学校对孩子提出的要求　当孩子进入校门后，学校会对他们提出什么要求呢？他们需要配合老师、同学，需要尽快培养自己对各类学科的兴趣。我们可以根据孩子在学校里的表现来判断他们与他人的合作能力、他们的兴趣及他们是否愿意听别人说话。要想掌握孩子的这些情况，就必须从他们对待事物的态度、言行举止、表情变化及倾听他人说话的方式处着眼，同时还要观察他们对老师是以礼相待，还是避而远之。

关于一个男性患者的案例　我们可以通过下面一个案例来了解上述细节是怎样对人的心理发展产生影响的。一个男性病人长期受到职业方面某些问题的困扰，于是去寻求心理医生的帮助。心理医生从他的童年生活中了解到，他是家里唯一的男孩，围绕在他身边的都是姐姐或者妹妹。他的父母在他出生后不久就去世了。到了该上学的年纪，他无法对要去男子学校还是女子学校做出选择，在姐姐的劝说下，最终还是去了女子学校。然而，一段时间之后他就被学校劝退了，因此他一直对这件事情耿耿于怀。

不能适应学校生活的孩子　学生对老师的喜爱程度能够影响他们对学业的专注度。在教师的教学艺术中就包括促使并保持学生对学业的专注，观察学生是否专注或能否专注。那些在家庭中受到溺爱的孩子，在面对学校里众多的生面孔时，内心会产生怯懦，影响他们对学业的专注程度。如果教师对他们稍微严厉，他们就会有记忆力不好的表现。这种情况下的记忆力问题，并不是我们通常认为的那样，因为除了学业，在其他方面，他们还是能够做到过目不忘。这种注意力高度集中的状态，只会表现在溺爱他们的家庭中，因为他们把所有的精力都放在对溺爱的渴望上，而不是学业上。

对于这些不能适应学校生活的孩子来说，批评和责备是没有用的，因为这样只会让他们觉得自己不适合上学，以更加消极的态度来对待学业。

如果这种类型的孩子在学校得到了老师的青睐，一般情况下可以成为好学生，加之他们能够从学习中获得好处，自然就会加倍努力学习。现实情况是，我们无法让他们一直受到老师的青睐。如果让他们转学，或者换其他的老师，又或他们在某一学科（对于被溺爱的孩子来说，数学一直是一门难以掌握的学科）上一直无法取得进步，他们就有可能放弃这一门学科。他们之所以选择放弃，是因为在家庭中，他们面对的每一件事都很容易，为此他们已经习以为常，他们从未想过要努力，也不知如何努力，他们没有耐心一步步战胜困难。

怎样才能做好充分的入学准备　接下来我们就要讨论怎样才能做好充分的入学准备这一问题。孩子缺乏入学准备多半是受到母亲的影响。母亲是孩子的兴趣引导者，并指引孩子将兴趣朝着健康的方向发展。如果母亲没有尽到这个责任，就会直接体现在孩子在学校的表现上。孩子除了会受到母亲的影响，还会受到其他家庭因素的影响，比如来自的父亲的影响，兄弟姐妹间的竞争等。除此之外，还有一些外在因素也会影响孩子的表现，如社会环境、他人的偏见等。

正是因为这些因素会影响孩子的入学准备，所以仅仅把考试成绩作为衡量孩子的标准是不可取的。来自学校的成绩报告可以视为孩子目前心理状况的一种反映，这些成绩报告不仅可以反映出他们在每一门学科上取得的分数，还能反映出他们的智力、兴趣及专注力等。学校的各种考试和测试虽然在形式上有所不同，但本质是相同的，所以学校应该将重点放在考察儿童的心理上，而不是将一堆无用的东西写在纸上。

近年来，一些所谓的智力测试得到了很大的发展，教师对此也很关注。在某些情况下，这些测试确有其意义，因为通过它们得出的结论并非可以通过其他普通测试就能得出。这种测试一度成为一些孩子的"救命稻草"，如果一个孩子没有取得好的成绩，老师想让他降级，但其智力测试结果表明这个孩子拥有高智商，如此一来，这个孩子非但没有降级，反而被允准跳级，他会为此感到自己高人一等，思维及行为都会发生很大的变化。

这并不是完全赞同智商测试无用论，我们认为科学的做法是：如果要进行这种测试，其结果不应该让家长及孩子知道，即他们没有必要知道智商的高低。因为家长及孩子往往对智商测试没有一个正确的认识，家长会将这种测试作为对一个人的最终判定，孩子的未来也会决定于此。对孩子来说，在以后的生活中，他就会受到测试结果的制约。在智商测试中获得高分并不能说明孩子的未来就一定会取得成功，恰恰一些长大后获得成功的孩子，其智商测试结果并不是较高的分数。

根据个体心理学家的经验，如果孩子没有在智商测试中取得较高的成绩，我们可以帮助他们找到提高分数的方法——让孩子不断研究这种智商测试，找到对应的窍门，做好测试前的准备工作。通过这种方法可以让孩子取得进步，在以后的测试中取得更好的成绩。

科学的课程安排　我们要注意：学校的日常教学会对孩子产生怎样的影响，繁重的课业是否会过多地消耗孩子的精力等问题。对这些问题的重视并不是在怀疑学校设置的所有课程，也不是主张删减科目，我们的出发点是希望这些课程具有统一连贯性。如此，孩子才会对所学课程的实用性及其真正意义有所了解，也不会认为它们完全是抽象的理论。对于究竟应该更加看重孩子的学习成绩，还是人格发展，每个人都有不同的看法。从个体心理学角度来说，两者其实可以兼顾。

任何课程都应该具有趣味性，不能脱离实际生活，数学课程（包括算术和几何课程）应该与建筑的风格、结构，及在其中居住的人联系起来，甚至可以把一些不同的课程整合在一起讲授，比如在学习某一植物的特征时，可以把有关这一植物的历史、生长国家及这个国家的有关内容结合起来教授。通过这种教学形式，可以让那些原本对这一学科不感兴趣的学生产生兴趣，而且还培养了学生融会贯通的能力，这也是我们期望教育达到的目标。

每个孩子都是班级的组成部分　每一位教育者都应该有一种观念——在校就读的所有孩子都认为自己处于激烈的竞争中。理想状态下的班级应该是一个不可分割的整体，每个学生都认为自己是班级里不可或缺的一部分，教师应该对班级中的竞争和孩子们的野心有所控制，将其限制在一定的范围内。有的孩子看到别人比自己优秀会产生嫉妒心理，这种心理要么激励他们奋起直追，要么促使他们选择自我放弃，仅凭主观感受来判断事物。这就体现出教师在心理指导方面的重要性。来自教师的一句鼓励的话有可能让一个沉迷于竞争中的孩子走上与他人合作的道路。

制订班级发展计划有助于激发学生的合作精神。我们可以先让孩子观察班级里的情况，鼓励他们提出完善班级发展计划的意见，如果让孩子在毫无根据的情况下完全按照自己的想法实施计划，他们的惩罚措施会比教师还要严厉，为了给自己谋取利益，他们甚至会使用所谓的政治手腕。

对于孩子在学校取得的进步，我们不能完全以教师的意见为标准，还要考虑到孩子的意见。其实孩子对自己和同学们的学习状况十分清楚，甚至比教师了解到的还要准确。他们知道谁在哪一方面更擅长，在他们心里，对每个同学都有一个很明确的评判，即便不能保证十分公正，但也会尽可能地保持公正。孩子在评定自己取得的进步的时候，会产生一个问题——有的孩子会妄自菲薄，在这些孩子眼中，自己永远不如别人。这时，就需要教师帮助他们改变这种错误的评价方式。如果一个孩子始终保持这种想法，他就会止步不前。大部分孩子的学习成绩会保持在一个相对稳定的状态上，或最好，或最差，或保持在中游。与其说这种状态反映的是孩子的智力水平，不如说是孩子懒惰心理的表现，说明孩子已经放弃进步，心理上已经适应了这种状态，不想再耗费精力去面对更大的挫折。当然，也有一部分孩子会在短期内出现大的波动，这更加能够说明孩子的智力发展水平不是一成不变的。学生们应该拥有这样的思维模式，教师也应该培养学生运用这种思维模式的能力。

遗传不能决定孩子的能力　很多家长习惯把孩子取得好成绩归因于特殊的遗传，即孩子生来就很聪明，其实，这是一种错误的观点，认为人的能力取决于遗传基因是儿童教育中最大的谬论。当个体心理学首次提出这一点时，持其他观点的人认为这没有科学依据，只不过是个体心理学家的一种臆想。然而，直到现在，我们所持的这种观点被越来越多的心理学家和病理学家认可。能力取决于遗传基因很容易被孩子、家长、老师当作借口，每当遇到困难时，他们就会把遗传作为逃避的理由，其实我们谁都没有权利推卸责任，对于那些以逃避责任为目的的所有观点我们都持否定的态度。

对教育价值深信不疑的教育工作者不会认同遗传决定能力的观点。我们关注的并不是身体方面的遗传，器官的缺陷或者功能性障碍可能是遗传造成的。在器官功能和人的精神能力之间发挥桥梁作用的是什么呢？根据个体心理学的研究，精神也在体验器官的能力水平，并且也顾及器官的能力水平。有时，精神会过度顾及器官能力，器官缺陷也会影响精神状态，以至于在弥补了器官缺陷之后，精神恐惧还会持续一段时间。

每个人都有好奇心，所以人们都喜欢刨根问底，希望弄清楚每件事情的来龙去脉。这种找寻来源的做法其实是对我们对一个人做出评价的误导，因为这种思维方式没有考虑到先祖的多样性，忽略了在一个家族中，每个人都有两个长辈（父亲和母亲）。如此一来，我们向上追溯五代人，就已经有 64 位先祖，如果追溯到第十代，就会有 4096 位先祖，那我们是否就可以推断至少有一位后人可以将其超乎常人的能力归因为这些先祖中的一位。所有杰出的先祖给家族留下的家风对后世发展的影响都有些相似，由此我们就可以知道一些家族比其他家族更优秀的原因。显然，这并不是遗传基因的作用，而是因为一个家族的家风。只要对欧洲的历史进行回顾，我们就能明白这个道理，比如在过去的欧洲，孩子会被迫子承父业，如果我们对这一社会俗约的作用避而不谈，自然就会对关于遗传统计的数据给予更多的关注，并错误地认为这些数据是科学的。

成绩不是衡量孩子的唯一标准　除了能力由遗传因素决定以外，还有一个巨大的障碍存在于儿童成长过程中——如果孩子不能取得好成绩，就会受到家长的惩罚，就不会得到老师的喜爱。在家里得不到家长的鼓励，在学校同样得不到老师的表扬，这难免会让孩子心灰意冷。

老师不能完全考虑到一张成绩单会给孩子带来什么后果。一些老师认为，迫于成绩单的压力，孩子会更加努力学习。但是，老师不可能了解每一个家庭的状况，有些孩子的家庭教育非常严格，成绩单对于这样的家庭来说是相当有分量的，它决定孩子放学回家要面对的是奖励还是严惩，于是这些孩子就会犹豫要不要把成绩单摆在家长的面前，或者，面对糟糕的成绩单，他们根本不敢回家，在一些极端的状况下，他们会出于对父母的恐惧而绝望自杀。

对于学校的既定制度，或许教师不能改变什么，但他们可以根据自己对学生的理解，或者基于一颗爱护学生的心，对学校制度中某些非人性的部分进行弥补。对于那些家庭教育严厉的孩子来说，老师可以宽容一些，给予他们鼓励，而不是伴随着他们自己家庭的脚步将他们逼上绝路。那些总是不能取得好成绩的孩子被别人说成是学校里最差的学生，时间久了，他们自己也会固执地认为事实就是如此。如果站在孩子的角度思考问题，我们就不难体会孩子为什么不想上学。如果一个孩子总是被批评，他那勇往直前的自信心就会被打消，甚至想办法逃学，所以班级里出现总是旷课的孩子，也就不足为奇了。

虽然这种情况已经不是什么奇怪的事，但仍旧需要认清其中隐藏的意义。这种情况的发生仅仅是糟糕的开始，这多半发生在处于青春期的孩子身上。为了免遭责罚，他们会篡改成绩单、逃学、旷课等。他们很容易与"同病相怜"的同学形成统一战线，拉帮结派，慢慢走上犯罪的道路。

如果我们支持个体心理学的观点——什么样的孩子都是可以挽救的，那么上文所述的情况是可以避免的，总有办法可以帮助这些孩子。只要我们努力寻找方法，再糟糕的问题都能够得到解决。

留级的意义　留级的弊端不言而喻，在教师看来，留级会给学校和班级带来麻烦。虽然这种情况不会百分之百地发生，但很少有例外。大部分留级生都会复读多次，在留级的过程里，他们依旧落后于其他学生，这是因为留级没有解决他们的根本问题。

什么样的孩子应该留级，关于这个问题并没有一个标准的答案，但这没有给教师教学造成障碍。他们利用假期时间对孩子进行额外辅导，帮助孩子找到学习中存在的问题并指导其改正，尽量使得这些孩子不用留级。

教师可以做到掌握班级里每个孩子的情况　在德国，没有家庭教师这一职业和制度，整个社会似乎不需要这种家教服务。公立学校的教师对孩子有着明确的认知。或许有人会怀疑，一个教师不可能做到对班级里所有学生都了如指掌。其实不然，如果教师在孩子刚刚入学时就对其进行观察，一段时间之后就会对孩子的生活风格有所了解。有了这样一种工作态度，即便是再大的班级，教师也可以做到掌握每一个孩子的情况。我们在了解孩子之后可以给予他们更好的教育，这一点毋庸置疑。当然，一个班级不宜有太多的学生，这一点也是可以避免的。

从心理学的角度来看，我们不主张学校经常更换教师。据了解，一些学校每隔半年就会更换教师。我们建议让教师跟着班级走，最好是从孩子入学起，就一直由同一批教师教授，这是一件于教师、于学生都有益的事情。只有这样，教师才有足够的时间观察、了解孩子的生活风格，并对其中存在的问题进行矫正。

跳级的意义　有的学生的确会跳级，但对于跳级是否利大于弊，目前仍众说纷纭。学生往往不能达到因跳级产生的过高期望，从而会心生不满。我们认为以下两种情况可以让学生跳级：班级中年龄较大且表现出色的学生，可以考虑让其跳级。有过留级经历且通过努力取得过优异成绩的学生，也可以考虑让其跳级。教师不能因为有些孩子比别人成绩优异或者比别人懂得多就将跳级作为对他们的一种奖励。如果这些孩子把课余之间利用起来，学习音乐、美术等其他知识，也是大有裨益的。同时，这对班级里的其他学生来说也是一种激励，对整个班级来说也是一件好事。反之，抽走班级里一部分表现良好的学生并不是一件好事。有人认为应给予表现良好的学生更广阔的舞台，我们认为并非如此，我们更加支持出色的学生带动全班的同学一起进步。

"普通班"与"重点班"　认真观察一下学校里所谓的"普通班"与"重点班"的情况就会发现，在"重点班"里也不乏智力不佳的学生，"普通班"里也不全是笨孩子，他们只不过是因为来自贫困家庭。来自贫困家庭的孩子之所以被冠之"呆笨"的名号，是因为他们缺乏对生活的准备，这一点是很好理解的。这些孩子的父母要花大把的时间去谋生，无暇顾及孩子的生活和学习，或者他们接受过的教育不足以用来教育他们的孩子。这些对生活缺乏准备的孩子其实不应该在一开始就被安排到"普通班"里，这种班级的区分会让那些被安排在"普通班"的孩子受到其他同学的取笑。

要想使得"普通班"的孩子得到更好的照顾，最好的办法就是充分发挥辅导教师的作用，这一点我们已经讲述过了。除了辅导教师，我们还需要设立属于孩子的俱乐部，在这里，孩子可以得到学校以外的课程辅导，他们可以做作业、玩游戏、阅读等。如此一来，他们可以获得学习及生活上的信心，但是在"普通班"，他们得到的永远是沮丧和气馁。如果再加上一些游乐场地，这些孩子就可以避免不良环境带来的不良影响。

男孩和女孩是否应该同班　在男孩和女孩是否应该同班的问题上，我们原则上是支持男女同班的。男孩和女孩在同一个班级里，会增进彼此的了解，但是任由其发展是不可取的。男女同班会涉及其他特殊问题，需要我们特别处理，否则男女同班就会弊大于利。老师和家长总是忽略一些情况——女孩在16岁以前发育得比男孩早，男孩会觉得女孩总是走在他们前面，心理上就会失衡，这种不满的情绪促使他们与女同学进行一场毫无意义的竞争。学校及教师应该考虑到这一点。

如果教师愿意实施男女同班并深谙其中涉及的问题，那么他就会在这一班级形式上取得成功。如果教师个人不喜欢男女同班的形式并觉得这是一种负担，那么他终究会以失败告终。

如果学校对男女同班这一制度管理不善，对于孩子的男女意识又不加以妥善引导，当然会产生一系列问题，这就要涉及关于性教育的问题。

因材施教　刚刚我们偏离了主题，说了一些有关学校教务安排的问题，下面我们回到教学的核心问题。通过了解学生的兴趣及他们擅长的科目，可以知道如何对不同的学生施教。一次成功可以激励人们继续成功，教育也是如此。孩子在取得某一科目的成功之后，会激励他努力学习其他科目来谋求更多的成功，教师要好好利用这一点，指引孩子在更多的学科上取得成功，这也是每个人从无知到有知的必经过程。如果教师能够掌握这一方法，就会发现学生能够予以配合。

发现孩子感兴趣学科的方法同样适用于发现孩子擅长的感觉器官。我们需要了解每一个孩子擅长的感觉器官和他所属的感觉类型。比如一些孩子在视觉方面得到了很好的开发，另一些孩子的听觉或其他器官得到了很好的开发。近年来，很多学校致力于培养学生的动手能力，他们奉行这一原则：将课本知识与训练眼、耳、手等器官结合起来。这些学校在教学上取得的成功充分说明利用孩子的兴趣引导其学习非常重要。

如果一个孩子属于视觉型，教师就应该意识到这个孩子在那些需要特别发挥视觉作用的学科上（例如地理）会更加得心应手。在学习的过程中，如果这个孩子能够很好地发挥在视觉方面的特长，他就会取得优异的成绩。我们在此只是举一个例子，说明教师应该注意观察孩子的特别之处，而这在教师初次接触孩子的时候，就可以观察到。

总而言之，教师是一个负有重任且神圣的职业。教师能铸造孩子的心灵，掌握人类未来的命运。

教育咨询　教师如何才能将这一职业的作用发挥到极致？只停留在构思理想的教育是远远不够的。很久以前，在维也纳，我们就开始寻找、探索，我们在学校成立了教育咨询室和辅导诊所。

成立这些部门的目的就是将现代心理学的知识贯穿到教育体制中。我们定期举办咨询活动，让既精通心理学又了解家长和教师生活状况的心理学家与教师齐聚一堂，由教师向心理学家提出问题，如孩子为何懒惰、不遵守课堂纪律、喜欢偷偷摸摸等。教师对这些案例进行描述，然后心理学家与其分享自己的研究成果，大家一起讨论：为何孩子会有上述表现？孩子是何时开始有这种表现的？教师应该如何帮助孩子改正这些坏习惯？这需要心理学家与教师共同分析孩子的生活环境和心理发展过程，然后把所有的信息整合在一起，给出一个可行的方案。

在后来的咨询活动中，让孩子及其母亲也参与进来。在明确了对母亲开展工作的方式之后，需要先和母亲谈一谈在孩子遭遇挫折之前都经历了什么，然后由母亲叙述孩子的生活和学习情况，最后心理学家将会和她一起探讨。一般来说，如果自己的孩子能够得到心理学家的关注，作为母亲应该是很高兴的，并且能够积极配合。不过也有例外，如果母亲对这种活动很反感，对心理学家不够信任甚至充满敌意，那么心理学家可以通过其他孩子的案例获取这位母亲的信任。在确定了如何帮助孩子之后，孩子便可以进入咨询室了。让孩子与心理学家面对面，心理学家只是和孩子聊聊天，不谈孩子的缺点和错误，以孩子能够接受和理解的方式对其出现的问题和令其产生挫败感的因素进行客观的分析。在心理学家的帮助下，孩子可以认识到他总是受挫的原因，其他同学被老师偏爱的原因，还有他不再渴望成功的原因。

在这种咨询活动中最大的受益人还是孩子，他们的问题得到了解决，而且拥有了健康的心理状态，学会了与他人合作，也找到了克服困难的勇气和信心。当班级中有学生表现出潜在问题时，教师会组织同学们展开讨论，那些未曾咨询过的孩子也因此获益。这种讨论要在教师的指导下进行，教师鼓励孩子积极参与讨论，让每个孩子都有表达自己想法的机会。比如教师带领孩子讨论个别同学为什么懒惰，尽管那个懒惰的孩子并不知道自己就是被讨论的对象，但他仍旧可以从讨论中获益。

从上述内容中我们可以看到心理学与教育相结合的可行性，心理学和教育不过是同一现实及同一问题的两个不同方面。想要指导心灵，就要清楚心灵的运作原理，如此才能运用外在的知识使其达到更高的目标。

阿德勒经典语录

孩子在学校遭遇失败时，我们能够证明这是一个危险的信号。与其说这是孩子在学业上的失败，不如说是他心理上的失败。

| 第三节 | 孩子常常受到外在环境的影响

　　个体心理学既涵盖心理学与教育学方面的内容，也包含研究外在环境对孩子的影响。古老的内省型心理学范围太过狭窄，为了弥补这种心理学，威廉·冯特[①]认为创建一种新的科学——社会心理学是很有必要的。个体心理学没有必要也这样做，因为它已经包含了社会心理学。个体心理学不会囿于个体的研究而忽视刺激心理的外在环境，也不会只考虑环境而忘记心灵对于环境的感受。

　　教育者要考虑的是受教育者所处的经济环境　不管是社会教育者还是教师都不应该将自己视为孩子的唯一教育者。外在

---

① 　威廉·冯特（1832—1920）：德国心理学家、哲学家、心理学实验室的创立者。

环境从未停止对孩子的刺激，它直接或间接地塑造着孩子。换句话说，外在环境影响了孩子父母的心态，父母的心态又影响着孩子的心态。这些情况都无法避免，故而我们必须将之纳入研究范围。

有些家庭长期处于经济窘迫中，深受入不敷出的折磨，因而总是带着悲哀、沮丧的情绪生活着，窘困的父母没有能力帮助孩子树立一种乐观积极的生活观念，压抑的生活环境决定他们无法和别人很好地合作。

孩子在年幼的时候，富裕的家庭突然陷入贫困，这对孩子造成的不利影响是十分明显的，对于那些一直享受着高质量生活的孩子来说更是一种打击，因为他们已经习惯了过去那种优越的生活，一旦失去，就会十分怀念。

贫困家庭突然变得富有，这种情况对于孩子来说也会产生不利影响。在贫困时期，父母会因为无法满足孩子的要求而心生愧疚，一旦经济富足，便会想方设法弥补孩子，如果把握不好尺度，就会演变成溺爱和纵容，这种情况下产生的"问题儿童"相对而言更多。

生理状态影响心理状态　长期的半饥饿生活会对家长及孩子的生理产生影响，生理继而会影响心理，这一点从战后欧洲出生的孩子身上就可以看出。他们与其长辈相比，成长之路会更加艰难。除了经济环境对孩子成长的影响，还有父母对儿童健康问题的忽视，这种忽视源于父母羞于表达，还有对孩子的溺爱。父母一面担心孩子会受苦，一面天真地以为弯曲的脊骨会随着孩子的长大而慢慢恢复，耽误了孩子的治疗时间。这当然是无知的错误，何况大城市并不缺乏医疗环境。小疾病如果不能得到及时治疗，就有可能衍变成大疾病，这种大疾病会在孩子的心灵上留下阴影。

因疾病而留下的心理阴影难以避免，解决问题的办法就是不断培养孩子的勇气及社会情感。换言之，一个社会情感不强的孩子容易在心理上受到病魔的影响。如果这个孩子能够充分感受到自己与社会的联系，那么他就不会轻易遭受病魔的摧残。

通过一些案例可以看出，那些得了咳症、脑炎等疾病的孩子都会产生一些心理问题。家长和老师一般都会认为是疾病导致了孩子的心理问题，实则是疾病诱发了潜在的人格缺陷。在病期，孩子感觉自己好像获得了某种特权，可以随意摆弄家人。他明白父母脸上流露出的焦虑是自己的疾病造成的。病好了之后，他依然想继续享受这种特权，于是就进一步控制父母以达到自己的目的。当然，这种情况只会发生在缺乏社会感情的孩子身上，因为他们认为"享受特权"是一种自我表现的形式。

疾病有时会改善孩子的性格，我们也可以用一个例子来说明。一位教师的次子令他头痛不已，孩子的成绩是班级中最差的，有时还会离家出走。无奈之下父亲只好把他送进了管教所，可是孩子因此患上了忧郁型肺结核。后来，在父母的悉心照料下，男孩的病终于痊愈了。令人惊喜的是，男孩的性格也随之变好了。在没有患病之前，男孩最渴望的就是得到父母更多的关注，这个愿望在他生病期间得到了满足。原来，他以前种种叛逆的表现是源于他那个才华出众的哥哥，在哥哥的光辉下，男孩感觉自己总是处于黑暗中，总是得不到父母的表扬，所以他只能通过各种叛逆行为进行反抗。这次患病的经历让他明白，父母也是爱他的，而且不比对哥哥的爱少，因此他决定以后用听话的行为获取父母的关注。

父母的行为举止影响孩子的心理健康　年幼的孩子所处的精神环境大部分是父母营造起来的，所以父母的行为举止会给孩子带来很大的影响。如果父亲或者母亲曾经做过不光彩的事情，这会在孩子的心里留下阴影。他们会对未来充满担忧，不愿与人相处，不想让别人知道自己的父母是怎样的人。

父母不仅有责任给孩子提供物质条件，还要为他们提供一个健康的精神环境，这样就可以减少孩子在生活中所承受的压力。一个整天酗酒的父亲应该意识到他的行为会对孩子产生不良影响，总是爱吵架的父母也应该意识到不和谐的家庭氛围会给孩子带来多大的心理压力。

在节日之际，挑选什么样的礼物送给孩子并不是一件随意的事。父母不应该过早地让孩子接触刀枪棍棒之类的玩具，也不应过早地鼓励孩子参与战争游戏，同时也尽量不要让孩子阅读涉及英雄崇拜的书籍。那么，如何给孩子挑选合适的玩具呢？基本原则就是挑选的玩具能够培养孩子的主观能动性及合作精神。如果孩子能够自己制作玩具，这当然要比买来的玩具更有意义。我们还需给孩子树立一种观念：动物是我们的朋友，不是一件呼之即来挥之即去的玩具，如果父母将小动物作为礼物送给孩子，就要告知孩子，我们应该尊重每一个生命。在面对动物的时候，既不能惧怕它，更不能虐待它。如果孩子学会了如何与动物相处，那么我们就认为他们已经做好了与社会合作的准备。

孩子也会受到除了父母之外其他人的影响　在孩子的成长过程中还有一个隐患需要家长注意——与陌生人及亲戚朋友的接触。我们的意思并不是要隔绝孩子与外界的接触，在此我们强调的是：孩子与这些人接触时可能会受到的不良影响，这种不良影响源于陌生人和亲戚朋友对孩子不够了解，他们表现出来的所谓的对孩子的喜爱并不全是真情流露。尤其是初次见面，他们希望通过最快的方式与孩子建立起联系，于是"逗孩子"就无法避免了。他们夸奖孩子可能只是一句随口的客套话，但孩子会因此自信心膨胀，从而影响了父母对孩子的正常教育。

与现在的孩子相比，他们的祖父母的处境更令人担忧。随着年龄的增长，他们本应该有更大的发展空间，去做自己想做的事情，然而，他们总是深感自己被社会遗弃在角落里。如果他们有更多工作和奋斗的机会，生活会更加幸福。我们不建议让一个年逾六十的老人从自己工作岗位上退下来，由于社会习俗和社会制度，一些仍旧精力充沛的老人被冷落在一旁，失去了发挥余热的机会。那么对于孩子来说会有怎样的影响呢？我们可能会让老人犯下的错误殃及孩子，祖父母总是想办法找寻存在感，证明自己并非一无是处，只能通过对孙子、孙女的生活加以指导和把控来表明自己存在的价值，希望可以得到后辈的肯定。他们多数会对孩子的生活事无巨细地照顾，甚至溺爱纵容，但不得不说这种方法带来的后果是灾难性的。

为什么来自祖父母的"宠爱"会对孩子产生不好的影响，甚至导致孩子患上心理疾病，对于这个问题，我们可以这样解释：过度的宠爱会让孩子产生嫉妒和攀比心理，在他们的潜意识已经有这样一种想法——祖父（祖母）最爱的是我。一旦他们在别人那里无法得到这种独一无二的爱，心灵就会受到伤害。

孩子长到 3 岁时，就应该引导他们与其他孩子做游戏，以此慢慢消除他们对陌生人的恐惧感，否则当孩子进入社会，与陌生人接触时就会产生抵触情绪。这种情况多发生在被溺爱的孩子身上，他们总是排斥"外人"。

社会能力比外表更加重要　当有人在一个孩子面前夸奖他的表兄弟或者表姐妹时，这个孩子就会被这样的言语激怒。如果这个孩子有充足的自信心和社会情感，他就能够意识到，这种夸奖的含义不过是"经过了努力的练习和做好了充足的准备"，他自己也可以通过努力到达这种程度。如果他们和大部分人一样，认为人的智力与能力是与生俱来的，那么他就会觉得这一切都是不公平的，从而产生自卑感，这种感觉会伴随孩子的整个成长阶段。漂亮的外表的确是自然的馈赠，但是它所代表的价值在现代社会中的确被过分放大了。孩子会因为自己的长相没有兄弟姐妹出众而感到困扰，而且这种困扰是长期性的。

想要帮助孩子避免这种困扰，唯一的方法就是让孩子意识到，与美丽的外表比起来，社会能力更加重要。我们并不否认美丽的外表拥有其自身价值，而且我们都希望自己能拥有美丽的外表。但是在生活规划中，我们不能把一种价值与另一种价值割裂开来，也不能将某一价值作为终极目标。拥有美丽外表的人并不一定能够过上理性、和谐的生活。事实证明，在犯罪记录中，有相貌丑陋者，也有面容姣好者。那些样貌出众的孩子之所以走上犯罪的道路，是因为他们认为凭借自己的外表就可以不劳而获。没有做好生活准备的他们在后来的时间里发现不付出就没有收获，所以他们选择了另一条不劳而获的途径——犯罪。正如诗人维吉尔所说："通往地狱的路走起来最为容易。"

阿德勒经典语录

热心的人，不见得是体贴的人。他只是想让对方依赖自己，真切感受到自己是个重要的存在。

第四节 | 孩子在新环境中的表现

　　个体心理是一个统一的整体，个体人格的发展是一脉相承的，是连续展开的，不会突然旁逸斜出。现在和未来的人格特征都是以过去为基础的，但这并不意味着一个人的所有行为都会由过去和遗传决定。当然，我们也不是要把一个人的过去和未来割裂开来，没有人可以瞬间摆脱自我，成为一个崭新的人。虽然我们也不清楚自我究竟是什么样子，或许直到有一天，我们的天赋与能力完全展示出来，我们仍旧无法对自己的潜能做出准确的判断。

　　正是因为人格发展的连续性，我们才有可能教育和改善孩子，才有可能在某一特定时期检测一个人的人格发展状况。当孩子进入一个全新的环境时，他隐藏的性格特征就会显现出来。如果我们可以直接测试个别的孩子，让他们处于一种未曾想过的环境之中，根据他们的反应就可以发现他们的成长状况。这些孩子在新环境中的表现一定与以往的性格密不可分，因此我们就发现了孩子在一般情况下没有表现出的性格特征。

孩子在环境突变时的表现　例如，孩子第一次离开家走向学校或者家庭有大的变故，在这种情况下，我们很容易发现孩子的性格，孩子性格上的局限也会凸显出来。我们观察过一个被领养的孩子，他性格暴躁，行动令人难以捉摸，对于我们的问题，他不但无法迅速回答，而且回答的内容与我们的问题毫不相干。在对这个孩子进行整体了解之后，我们发现，这个孩子被领养已数月有余，但他对养父养母仍怀有敌意，这种家庭生活并没有让他感到快乐。一开始养父母并不认可我们得出的这一结论，因为他们觉得自己已经很用心地在照顾这个孩子，但这并不能推翻我们的结论。常常有父母说："我们把所有的教育方法都尝试了一遍，就是没有效果。"这就说明，父母仅仅善待孩子是不够的，有些孩子确实对父母的善意有所回应，但这并不意味父母改变了孩子，孩子只是认为目前的处境对自己没有威胁，对父母的敌意仍旧存在，一旦父母面露不悦，他们马上就会恢复到之前的状态。

如果养父母对这个孩子进行惩罚，那么就证实了他的感受，因此也就多了一个反抗的借口。在我们看来，这个孩子的行为和想法都是他与环境搏斗的结果，他无法适应新的环境，因为他从未接受过面对新环境的准备训练。我们要理解孩子为什么会犯这种幼稚的错误，即便是成年人，也会偶尔犯一些带有孩子气的错误。

身体语言能够反映孩子对环境的适应程度　把孩子的手势、姿势，以及一些不明显的身语言结合起来，探究其内在联系是需要家长和老师做的，值得注意的是，孩子的同一种表达方式在不同的环境下会有不同的含义，两个孩子的相同行为也有可能含义不同。同一种心理问题发生在不同的孩子身上，其表达方式也因人而异，因为通向终点的路不止一条。

例如，睡觉的姿势。我们曾经观察过一个 15 岁的男孩，他经常做这样的梦：当时的国王死了，他的灵魂出现在孩子面前，灵魂命令孩子组织一支军队向敌国进攻。当我们走进他的房间观察的睡姿时，他俨然一副拿破仑调兵遣将的样子。第二天见到他时，他的动作与睡梦中的姿势有些相似，这就说明他的幻觉与他清醒状态下的行为是相关的。之后我们试图引导他相信国王还活着，但他坚决不信。他告诉我们他曾在一家咖啡厅做服务生，他矮小的身材经常招来同事和客人的嘲笑。我们问他生活中有没有人和他有着相似的身材，他告诉我们他的老师麦尔先生也是一个矮小的男人，看来只要把麦尔先生看成拿破仑，那么就找到问题的答案了。还有一个关键信息，这个孩子告诉我们麦尔先生是他非常喜欢的老师，他希望自己可以像他一样。这样一来，这个孩子在睡梦中的姿势就有了很好的解释。

新的环境是对孩子的一种测试　孩子在新环境中的表现，

可以反映出他们为生活做出的准备。如果准备充足，他们就会满怀信心面对生活环境的变化。如果准备得不够充分，在面对新环境的时候就会紧张，怀疑自己的能力，这种情绪会影响孩子对事物的判断，这种判断不是以社会感情为基础的，故而不符合当下境况对他们的要求。因此，我们可以得出这一结论——孩子无法适应学校这一新环境，不能归咎于学校制度，其实是孩子没有做好生活准备。

| 第五节 | 培养孩子的社会兴趣和社会责任感

不管是儿童还是成年人，都会把自己和他人联系起来，并期望自己能够成为对社会有用的人，这可以用来解释什么是社会情感。关于社会情感的根源，人们的观点至今没有统一，在我们看来，社会情感与人的定义密切相关。

社会情感源于人类的群体性　说到这里，我们往往会考虑这样一个问题——社会情感与追求优越感相比较哪一个更符合人的本性。这两种心理在本质上是一致的，追求优越感和社会情感都建立在人的本性的基础上。拥有这两种心理的人都希望得到他人及社会的认可，区别在于表现形式，这种区别又涉及对人的本性的不同假设。个体追求优越感涉及的人性假设是不依赖于社会群体的，而社会情感的人性假设在一定程度上依赖于社会群体。人是群居动物，这一点是毋庸置疑的，出于自我保护的原因，人类不得不群居。人类的生存环境极其不安全，和人类同等体型的动物，比人类更具保护自身的能力及更强大的攻击力。因此，我们在研究教育方法之时绝不能忽视群体思想和社会适应思想。

我们每个人更愿意赞美对社会发展有益的行为，斥责那些于社会有害的行为。有些教育方式我们之所以认为是错误的，是因为它们对社会产生了不利的影响。任何伟大的事业及个体的能力发展都要在社会情感的基础上才能实现。

社会感情能够促进语言能力和逻辑思维能力的发展　语言能力和逻辑思维能力是人类作为高级动物特有的能力。如果个体在解决问题时抛开当前的社会环境，并且使用自己才能理解的语言，那么整个社会就会陷入混乱。社会情感给予个体安全感，这种安全感支撑个体的全部生活，或许这不同于我们对逻辑思维和真理的信任，然而正是这种安全感组成了信任。

为何通过数学计算得出的结果更让人觉得可信，因为精确的数字比其他表达方式更利于我们向他人传播，我们的理性思维也更容易对此进行识别。这也是柏拉图尝试用数学模式来构建自己的哲学体系的原因所在。他认为如果一个哲学家没有社会情感，即便创造出了属于自己的哲学理论，也不能正确地生活。

如何确定儿童社会情感的发展程度　对于这一问题，我们认为需要通过儿童的某些特定行为来确定。例如，一个孩子为了追求优越感而频繁地表现自己，那么这个孩子与其他没有这种行为的孩子相比，更加缺乏社会情感。多数儿童还是有追求优越感的欲望的，因此可以判定个体的社会情感都没有得到充分的发展。每个时代的道德家们总是对以自我为中心的人性进行批判，批判的形式一般都是道德说教，但是它对个体并不能产生什么作用，人们在潜意识里总是会安慰自己"我与别人的差距其实没有那么大"。

孩子在家庭中的地位有可能是发展其社会情感的障碍　孩子在家庭中的处境经常会被父母忽略甚至误解。有兄弟姐妹的孩子与独生子女相比，他们的处境存在很大差异。长子（长女）的家庭地位一般比较特殊，因为他（她）曾经是家里唯一的孩子，之后出生的孩子是无法体会这种感受的。最后一个出生的孩子的处境也是其他孩子无法体会的，因为在家里，他（她）始终扮演的是最小最弱的角色。作为家里的弟弟或妹妹，他们不仅要面对自己的困难，还要面对哥哥或姐姐所面对的困难，这对于年幼的孩子来说是不利的，为了补偿自己的自卑感，他们只有加倍努力超越哥哥姐姐。这种观察家庭地位的视角对教育儿童具有特殊的意义，我们可以据此来决定用什么样的教育方法。对所有的儿童采取相同的教育方法显然是行不通的，每一个孩子都是独立的个体，我们可以依据一定的标准对他们分类。想要在学校实现这一点的确有些困难，但对于家庭来说其实并不困难。

在家庭中还会出现一种与上述内容相反的情况——一个家里最小的孩子对自己完全丧失了信心，变得极其懒惰。现在我们从心理学的角度来分析这两种类型的孩子。渴望超越哥哥姐姐的孩子相对于对自己没有信心的孩子更容易受到伤害，他们的抱负会给自己带来压力，一旦遇到看似难以克服的障碍更容易选择逃避。

一般来说，一个孩子的人格特征会与其家庭地位一致的人的人格特征相似，关于这一点还值得深入研究。来自不同家庭中的长子通常会有很多相似之处，在长子或长女还是家里唯一的孩子的时候，他们拥有很大的权力，当手中的权力受到弟弟妹妹的威胁时，他们就会感到不公平。我们可以看到这样一种普遍现象：长子或长女的性格通常比较保守，他们信奉权力、规则和法律，他们能够很自然地接受专制主义，对权位持极大的肯定态度，因为他们也曾居于"高位"。

我们来看一个案例，有一个男孩从未得到过别人的重视，自从他的妹妹出生之后，这个男孩的生活就蒙上了悲剧的色彩，这个男孩的心理阴影源于他聪明年幼的妹妹。这种情况并非偶然，它有完全合理的解释。当今社会，在人们的普遍价值观里，依然认为男人比女人重要，因此家里长子会被寄予厚望，直到有一天妹妹降生了。妹妹打破了男孩原本"平静"的生活，在男孩的眼中，妹妹就是一个可恶的入侵者，与其分庭抗礼，妹妹的到来激励男孩加倍努力。之后妹妹快速进步，这种进步使男孩感到不安。根据人类发育规律，女孩在 14 至 16 岁期间一般比男孩发育的速度快。于是，男孩的不安情绪愈发浓烈，直至彻底丧失信心，然后为自己的失败找各种借口，用自己设置的障碍掩盖自暴自弃的事实。

生活在众多姐妹中的唯一男孩也会拥有与上述类型的男孩相同的人格特征。作为家庭中唯一的男孩，要么受到家庭中所有女人的宠爱，要么受到她们的排挤。这两种境遇下的男孩有着不同的发展路径，但是在性格中仍旧保留相同的成分。有一种观点认为男孩不应该由女人抚养，对于这个观点的理解不能只停留于字面，因为每一个孩子最初都由女人抚养。而这个观点的真正含义是：一个男孩不能总是成长在只有女性的环境里，这一观点并不是对女性抱有偏见，我们反对的是男孩一直生活在只有女性的环境中，因为他会受到女性的误解和偏见，就像那些成长在只有男性的环境中的女孩一样，她往往会受到男性的歧视，其行为也会受到男性的影响，这于她的成长是不利的。

我们在思考以上问题的同时，要时刻注意孩子在四五岁的时候就已经形成了自己的生活风格，所以家长和老师一定要在这段时间里培养孩子的社会情感和适应社会的能力。一个人的世界观在5岁的时候就会初步形成一个模型，并在之后的人生中朝着大致相同的方向发展，个体还会受到自己观念的约束，也就是说，一个人的精神世界会影响其社会情感的发展。

阿德勒经典语录

我们生存于与他人的联系中，如果我们选择孤独，就等于选择死亡。

第五章

05

与他人有亲密感，
才会有勇气应对
生活的挑战

　　家长必须教会孩子合作的能力。只有感受到与他人的亲密感，孩子才会有勇气去应对生活的挑战。如果孩子一直以怀疑和敌意的态度对待他人，可能会患上精神疾病，甚至成为罪犯。

| 第一节 | 结交朋友，获得来自社会的友善力量

合作的力量　与自己感兴趣的人交朋友是人类最古老的行为目标，人类种族基因质量的提高也是因为我们对同类始终充满兴趣。对于一个家庭来说，一个成员对另一个成员的兴趣也是必不可少的。纵观人类历史的发展，有一个不变的定律——人类因为家庭而凝聚在一起。

在原始部落中，人类因各种各样的符号联系在一起。宗教最原始的形式就是对同一图腾的信仰，有着共同信仰的人凝聚在一起，互相帮助，形成合作关系，这就是合作生产的原始形态。例如，原始宗教在祭祀之时，同一图腾的信仰者会聚集在一起讨论各种问题，寻求追求共同利益的办法，从而避免自然灾害的侵袭。

婚姻其实是一件涉及群体利益的事情，原始部落的人会遵照规定在自己所处的团队之外找寻感兴趣的异性。我们不应将

婚姻理解得过于狭隘，婚姻并不是个人行为，而是需要通过心灵与团队合作完成的事情。丈夫和妻子都必须承担对家庭的责任，这是社会赋予婚姻的意义。社会对家庭的要求是：给后代创造健康的成长环境，教会他们与人合作的能力，所以我们要求婚姻双方也是喜欢与人合作的。在原始社会中，婚姻会受到图腾和其他制度的制约，在今天看来，这些制度是可笑的，但是对于当时的社会状况来说是有其特殊性的，它能够促进人与人之间的合作。

基督教倡导"爱你的邻居"，这是提高人类合作精神的另一种方式，而且我们可以用科学的手段证明这一方式的价值。那些被宠坏的孩子可能会问："为什么是我爱我的邻居，而不是他们来爱我呢？"从这样的话中我们就可以发现这些孩子存在的人格缺陷——不喜欢与人合作，而且自私。一旦在生活中遇到困难，他们就会手足无措，甚至为了自己的利益去伤害别人，也就是说，他们对其他人不感兴趣，在之后的生活里，他们会越来越觉得自己是个失败者。不同的宗教会用不同的方式倡导信仰者培养自己与人合作的能力和精神，其实只要其目的是促进社会合作精神的提高，那么其方法就是值得支持的。在我们与他人合作的过程中，不必与其发生争吵，也不必贬损他人，因为至今没有一条清晰的界限可以界定绝对的真理。

每个国家都有其不同的政治制度，但是如果这个国家的人都抱有拒绝与别人合作的心态，那么任何政治制度都无法实行。人类社会最明显的进步就是合作能力的提高，因此每一个政治家都应当将其作为奋斗目标。由于我们习惯用自己的方式和眼光对事物做出评价，所以我们无法定论哪位政治家采取的哪项政策可以提高人民的生活水平。如果一个政党真的可以做到让群众互相合作，或许我们可以相信这个政党有能力让我们的生活变得更好。如果执政者将提高人民社会感和合作能力作为终极目标，并且营造出一种爱国的社会氛围，鼓励国民爱自己的祖国，爱祖国的文化，允许国民参与法律的制定与修改，对于这样的执政者，我们应该予以支持。组织班级活动时，也应当遵循这个道理，在班级中我们应该杜绝不利于合作的事情，所以，我们在判定一件事是否有利于整体发展时，就要看它是否能够凝聚团队的力量。促进合作的方式有很多，并无优劣之分，只要有利于团队合作，我们就不应该以自己的标准去衡量它。

那些只在乎个人利益的观点，我们是无法认同的，这样的想法对个人和集体都没有好处。只有当一个人对其他人产生兴趣，这个人的能力才能被激发出来。社会中的每一个人都必须掌握听、说、读、写这四项基本技能，语言本身就是人类共同努力的结果。对另一个人的了解是所有人共同的目标，并非哪一个人的目标，所谓了解，就是知道另一个人的想法。了解别人有利于将我们自己与别人联系在一起，认同共同的规则和常识。

有一部分人一直在为个人目标及优越感努力，他们认为生活就是自己的，外部的东西理应为他们而改变，这种观念我们也无法赞同。我们发现这部分人无法与他人进行合作，在他们的脸上，我们总是能看到不屑和迷惘的表情，不幸的是，这样的表现也可以在精神病患者和犯罪分子的脸上看到。他们的自私想法令他们不想与任何人有联系，持有这种心态的人往往会轻视他人，甚至不愿将目光停留在别人身上。我们也观察过一些精神病患者，他们在与人接触的过程中表现得很糟糕，他们说话的时候会脸红，还会结巴，这源于他们对别人不感兴趣。

一个人孤僻到极点，就会陷入疯狂，如果我们可以将他的兴趣转移到别人身上，那么他还有救。在帮助精神病患者之前，一定要想方设法吸引他们的注意力，引导他们与我们合作，想要做到这一点，必须要有足够的耐心和仁爱之心。

关于痴呆症患者的案例 我们曾经治疗过一个患有严重精神分裂症的女孩，她已患病 8 年，这几年一直住在收容所。她像疯狗一样乱叫，口水流个不停，还撕咬自己的衣服，甚至把手帕吞进肚子里，这就说明她完全无法认清自己的角色，或许她从来没有意识到自己是人类。她认为自己就是一条疯狗，她认为在母亲的眼里，她也是一条疯狗，她过着和狗一样的生活。她用自己的行为告诉我们她希望自己是一条狗，并且觉得人类是愚蠢的。在给她治疗的 8 天时间里，我们不断与她说话，可是她始终不开口，直至一个月之后，她才渐渐开口说些迷糊的词语，因为我们的态度一直很温和，这也给了她一些勇气和自信。

如果我们通过上述方法唤醒病人内心深处的勇气，他们就会显得无所适从，因为他们已经习惯了抗拒别人，而且这种习惯已经根深蒂固。我们目前能够唤醒的勇气还不足以让他们有与人合作的欲望，那么他们会做出怎样的举动就可想而知了。从某种角度看，他们的行为与问题少年的行为相似，喜欢做恶作剧，喜欢攻击别人，还喜欢摔东西。之后在与那个患有痴呆症的女孩接触的过程中，她居然想打我们，当然，我们不能予以还击，我们能做的就是不予理睬，只有这样才会让她感到惊讶。她把我们的窗户砸碎了，弄伤了手指，我们非但没有责怪她，还小心翼翼地为她包扎手指，她对我们的行为感到惊讶，并且有些手足无措。按照通常的做法，我们应该用囚禁的方式对待这些有暴力倾向的孩子，其实这种做法是错误的，然而大多数人都信奉这种错误的做法，他们对患者的期望过高，总是期待把他们变成正常人，这样反而会激怒患者。我们应该做的是让他们随意发泄心中的不快。

患病的女孩在我们的治疗下恢复了健康，而且一年后，她的病情也没有反复。有一天，我在去收容所的路上碰见了她，她问我要去哪儿，我说我要去收容所，我们可以一起走。到了收容所之后，我找到了之前给女孩做治疗的医生，我建议他再与女孩聊一聊。他们的聊天结束之后，我又找到这个医生，不想这个医生一脸怒容，他告诉我："没想到我给她做了这么久的治疗，她居然从来没有喜欢过我。"此后，我与女孩继续保持联系，偶尔还会见面，这样的状态持续了大概十年的时间。女孩的身体状况一直很好，而且可以独立完成很多事情，也有较为亲密的朋友，在她病愈后与她接触过的人都不会想到她曾经是个痴呆症患者。

关于一个成年女性的案例　忧郁的人或者喜欢妄想的人与正常人的区别是非常明显的。患有妄想症的人对这个社会乃至全人类都充满怨恨，这样的人常常觉得身边的人都糟糕透了，任何人都会伤害到自己。忧郁症患者一般都生活在自己营造的灰暗环境中，他们常常会想："我就是破坏者，我就是罪魁祸首，我害了我的朋友、我的孩子。"其实，一个人责怪自己的行为只是表象，实则他是在指责别人。

我们观察过这样一位女性，她曾经活泼开朗，喜欢交际，做事情雷厉风行，在一次意外事故之后，她完全改变了风格，无法像从前一样频繁出席社交场合。她有三个女儿，但是如今都已嫁人，所以她时常觉得孤独，更不幸的是，她的丈夫也去世了。从前她一直是众人的焦点，现在的生活状况是她无法接受的，她想找回失去的东西，她开始旅行，几步走遍了欧洲，可是她依旧没有找回原来的自己。之后，渐渐患上了忧郁症，这对她来说是一个巨大的考验。她希望女儿可以回到她的身边，可是三个女儿都为自己找了一大堆借口，没有一个人愿意回来陪她。她只能不断安慰自己，女儿们对她还是很好的。三个女儿最终决定雇一名护士来照看她，她们也抽空过来看望一下。她总是活在对别人的指责中，每天都在抱怨生活中的不足之处。患上忧郁症的原因有很多，最根本的原因就是心中积郁着对别人的怨恨和不满，还总是想要得到别人的帮助和照顾，在他们的脸上始终带着心灰意冷的表情。

针对忧郁症患者的治疗 大部分忧郁症患者都有自杀的倾向，这是他们报复社会和他人的一种方式。所以，治疗忧郁症的医生需要注意：不要给忧郁症患者自杀的理由。我们对患者采取的治疗手段应该是不断提醒患者："千万不要去做让你觉得不舒服的事。"这句话听起来似乎没有什么大不了的，但是我觉得它会给患者带来巨大的影响。一个人一旦拥有了做自己喜欢的事情的权利，那么他还有什么理由抱怨呢？我经常对我的患者说："如果你想旅游或者看电影，那就去吧，如果走在路上觉得不想去了，那就停下脚步。"这样的做法会让他们获得前所未有的优越感，而且对他们来说，这样做最容易了。不过，这样的生活方式与他们之前的状态是相悖的，如果他们总是按照自己的意愿做事，那么就没有机会抱怨别人了，或许这对于他们来说是一种解脱。我的患者接受治疗之后再也没有想过自杀。对于忧郁症患者而言，最好有一个人能够一直看护他，但我的患者一直不需要有人照看。

在对忧郁症患者治疗的过程中，有时会听到他们这样说："没有我想做的事情。"对于这样的言论我有经验应对，此时我会说："现在你什么都别想。"可是，他们又会说："我想一直躺在床上。"如果此时我再顺着他们说："你可以一直躺在床上。"那么他们又会说："我不想躺在床上。"他们总是这样喜欢反抗，所以我永远不会提出反对意见。这只是治疗过程中的其中一项原则，除此之外，还有一种更加直接的方式，那就是与患者的生活方式产生对抗的方式。此时，我会对患者说："如果你按我说的做，你就能在两周内恢复健康，而且你要努力让身边的人开心。"其实忧郁症患者一直思考的是如何给他人带来困惑，我想让他们仔细考虑我的建议，但他们从未认真思考过。我建议他们在失眠的时候可以考虑一下如何给别人带来快乐，而且我很确定地告诉他们这样做能让他们快速恢复健康。当我问到他们有没有按照我的意见去做的时候，他们的回答是："昨天我很累，很快就睡着了，没有时间考虑这个问题。"因为我要求他们的时候秉持着真诚而温和的态度，所以他们不会觉得我有一丝一毫的优越感。有的患者还会这样回答我："我很烦，没法思考这个问题。"这时，我会说："那没关系，你只要在心情舒畅的时候能够偶尔想到别人就可以了。"我是在用另一种方式将他们的注意力转移到别人身上。有些患者对我表示怀疑："为什么总是让我讨好别人呢？他们为什么不能想方设法让我开心？"我回答说："这一切都是为了你的健康着想。如果一个人总是不顾及别人的感受，那么他的生活一定会遇到诸多问题。"回顾以往的治疗经验，没有一个患者会立马按照我的意见去做。从根本上说，我所做的一切无非是想让患者对社会感兴趣，他们的病因就是缺乏社会合作，我想让他们意识到这一点，他们需要将他人与自己视为平等的，只有和别人合作，自己才能恢复健康。

还有一些案例可以说明忧郁症患者就是缺乏对社会的兴趣，这就是我们说的"犯罪性疏忽"。曾经有一个马虎的人把一根还未熄灭的火柴丢进树林里，之后便引发了一场火灾。还有一个电工在下班之前忘记把横在马路中间的电缆收回去，致使路过的摩托车司机因触电而亡。在上述的两个案例中，肇事者都是无意的，他们的目的并不是要危害社会，因此从道德层面上说，他们不需要为自己的行为负责。在他们之前的生活里，没有人告知他们要学会替别人着想，他们在社会合作方面是缺乏经验的，也不知道究竟怎样做才是对社会负责。

培养孩子的合作能力　一般来说，培养对同类的兴趣的最好地方是家庭和学校。一个人的社会责任感并不是通过遗传得来的，但是遗传可以赋予我们社会责任感的潜能，很多因素都会影响这种潜能的发展，比如母亲在家里究竟扮演一个什么样的角色，她对自己的孩子有没有兴趣，孩子对自己所处的环境抱有怎样的态度。如果在孩子眼中，周围的人都是充满敌意的，那么他就会对环境产生抵触情绪，并采取对抗手段，这样他就无法交到朋友。如果孩子认为所有人都应该听他号令，他就不会顾及别人的利益。长此以往，这样的孩子会渐渐被社会淘汰。

在一个家庭中，父亲和母亲应当是亲密的朋友，他们对周围人的态度应该是和善的。只有父母做到这一点，孩子才会觉得除了家庭成员之外，他们也可以有别的亲密朋友。在学校里，老师也要让孩子意识到班级是一个整体，自己是这个整体的一部分，自己要和同学建立良好的关系。不管是在学校还是在家里，我们的目标都是相同的——为追求更高的目标做准备。我们希望孩子能够成为一个合格的公民、一个平等的社会个体，只有达到这个目标，孩子内心的勇气才会被激发出来，从而能够解决在社会生活中遇到的各种问题，并且能够帮助别人，与他人建立良好的关系。

如果一个人能够感觉到周围人的友好态度，那么他一定拥有一份美满的婚姻和一份能够体现自身价值的工作，这样一来，他就可以贡献自己的力量，不再认为自己不如别人，也不会被困难击垮，不管面对什么，都能做到从容淡定。并且，他可以清楚地给自己定位，明白自己所处的时间不过是人类历史中很小的一段，自己只是人类历史发展过程中的一个组成部分，社会需要每一个人相互合作才可以进步。个体可以凭借自己的能力创造财富，为社会的发展贡献自己的力量，虽然这个世界从来不乏丑恶的事物，但是依旧有它美好的一面，面对这样一个不完美的世界，我们要做的是去完善它。如果每个人都秉持这样的生活态度，并且有正确的人生方向，那么在改变社会的工作中，就能够做到尽职尽责。

怎样才算是尽职尽责呢？那就要看一个人能否在与他人合作的情况下解决生活中的三个问题：成为一个合格的劳动者；

与周围人建立平等的朋友关系；在婚姻中做一个好的配偶。总之，这个人必须是一个具有合作能力的人。

阿德勒经典语录

童年是有求必应的黄金时代。长大后有人依然认为：只要一直哭闹、抗议、拒绝合作，还是可以得到自己想要的东西的，他们没有把自己和社会看作一个整体，只在乎自己的个人利益。

第二节 | 拥有爱情，并用合作精神建设婚姻生活

爱情与婚姻 在德国的某个地方有这样一个习俗：新人结婚之前要接受一项测试，目的是检测他们婚后能不能幸福美满。他们会被当地人带到一个广场上，那里有一棵已经被砍倒的树，他们要做的就是用一把两头都有把手的锯子把这棵树锯成两段。当地人认为这种做法可以观察出他们能不能相互合作及合作的程度。如果两个人不懂得协调配合，就不可能将一棵树锯成两段。如果只是其中一人独自完成，虽然也可以将树锯成两段，但需要的时间会很长。由此可见，人们早就知道一个美满的家庭需要夫妻双方相互合作。

爱情和婚姻的本质是什么？我的回答是人类对另一半的真挚奉献。爱情的表现形式多种多样，有相处过程中的默契、肢体上的亲密接触、对孩子的养育等。无论是爱情还是婚姻，都

需要双方的合作，这种合作不仅是为了满足对方的利益，也是为了社会的利益，这种说法可以作为解决任何问题的依据。由于人类会受到身体方面的限制，所以人无法一直存活下去，要想使我们的生命得到无限延伸，就要利用人类的繁衍能力。

一般来说，结婚之后，夫妻双方都会面临一个问题——双方父母会干涉他们的生活，使他们的生活彻底与这个社会搅在一起，此时，夫妻双方必须找到解决这个问题的办法。对这一问题的讨论是客观的，不要夹杂任何个人感情色彩，在讨论的过程中，要记得把自己心里的东西清空，暂时忘记既定的规则，而且不能受到外界的干扰。

我们不能仅仅按照一个人的想法去解决问题，每个生活在社会中的人都会受到各方面的制约，人的生活范围也有限，所以，任何行为都必须遵照一定的规则。原因有三：一、我们都会在一个固定的地方发展，这个地方的环境给我们以制约；二、我们是与同类共同发展的，所以必须适应环境，适应同类；三、世界上有男人和女人，我们必须明确这种性别区分，人类的发展基于这种两性关系。

如果一个人能够时刻关心自己周围人的生存状况，那么无论他在做什么，都会考虑到其他人的感受，一般不会损害到他人的利益。其实，他可能也没有意识到自己做事情的时候会考虑到这些，也无法说出自己这样做的目的是什么，但他确实是朝着这个方向——提升人类的幸福。

多数人在对待人类是否幸福这个问题上比较冷漠，他们不会主动思考："我要怎样做才能为我的同胞增加幸福感，我要怎样做才能成为对这个社会有益的人？"他们关心的都是："社会于我而言意味着什么？这样的生活有什么意义？我能从中得到什么好处？我要为自己的愿望付出什么？有没有人为我考虑过？我的同伴对我的看法如何？"如果一个人在解决生活问题时秉持的是这样的态度，那么他在面临爱情和婚姻时也会不断考虑："爱情和婚姻能带给我什么？"

在我看来，爱情并不是纯粹而自然的东西。性是人类的本能反应，是一种内在的驱动力。爱情和婚姻包含的内容有很多，不仅仅是性，性在爱情和婚姻中也由本能的性变成高贵的性。我们会掩饰内心的真正想法和欲望，在与别人的相处中，慢慢总结出如何让别人开心的经验。我们学会了如何修饰自己，比如怎样穿衣搭配。即便是在饥饿状态下，也不再单单追求简单的饱腹感，我们的口味开始变得高雅，吃饭的时候还会注意一些礼仪，内驱力已经渐渐融入我们所处的文化环境中，这就是我们为社会整体利益做出的贡献。

如果在爱情和婚姻中融入上述观念，就不难发现，爱情和婚姻中的很多东西都与社会大众息息相关，也与我们对同类的兴趣有关。如果在解决婚姻和爱情的问题时，没有将人类的整体利益考虑在内，那么所有的做法都是没有意义的。我们应该考虑的是：怎样填补爱情中的漏洞？怎样完善目前的婚姻制度？如果找到的方法是近乎完美的，那么我们一定是将下面的问题考虑进去了：我们与同类一起生活在这个星球上，世界上有男女之分，我们必须与其他人产生关联。在这一基础上进行思考，得出的答案就是永恒的真理。

每个人都应该对另一半感兴趣　在我们从未尝试过做任何事都必须和另一个人联系在一起之前，爱情赋予我们的新环境让我们难以适应。如果恋爱双方都能够对彼此感兴趣，有些问题就会变得简单很多。也就是说，在爱情和婚姻中，想要解决存在于双方之间的问题，每个人对对方的关心必须多于对自己的关心，这是我们在爱情和婚姻中取得成功的重要前提。如果每个人都能做到真诚奉献，那么在一段婚姻关系中，谁都不会觉得被对方控制，谁都不会觉得自己是卑微的，这样的婚姻才是真正平等的。如果双方都想获得安全感，那么就要努力让对方感到安全，这样一来，夫妻双方都会觉得自己被对方需要，自己的存在是有价值的。

如此，我们就可以提炼出幸福婚姻的定义：幸福的婚姻会让你觉得自己是有价值的，自己在这段关系中是无可替代的，你的另一半需要你，你做的事情在他（她）的眼里都是对的，对另一半来说，你是个合格的丈夫（妻子），而且你还可以是他（她）的朋友。

爱情与婚姻需要合作精神　如果在爱情和婚姻中充满合作精神，那么就不存在谁是谁的附属品这一问题了。如果有一方想要控制另一方，总是想让对方跟着自己的步调走，他们的相处一定是不愉快的。在如今的社会中，依然有很多人觉得在一个家庭中，起主导作用的应该是男性，他们应该是家里的主人，很多不幸福的婚姻就是这个原因导致的。只有夫妻双方的地位平等，他们才能在养育孩子的问题上达成一致，一对夫妻在商量不生孩子的时候就已经开始影响人类的发展进程了。如果一个孩子长期生活在不和谐的氛围中，他的未来也是令人担忧的。

其实很多人都没有做好合作的准备，我们接受的教育导致我们过于重视自我价值的实现，把更多精力放在获得自己想要的东西上，对于要付出什么却不太关心。很多人在结婚之前都没有经历过如此近距离的关系，婚后生活需要为另一个人的利益和感受考虑，这样的生活方式让他们很不习惯，他们根本没有做好和另一半共同面对困难的准备。

想要不接受专门的训练就成功地解决生活中的困难是非常不易的，每个人对事物做出的反应都是根据自己的生活方式进行的。为婚姻做准备并不是自然而然的事情。从一个孩子的态度中可以观察他是在以什么样的方式进行有意识或者无意识的锻炼，为未来要面临的困难做准备。孩子长到五六岁时，他们的爱情观就已经形成了。

帮助孩子建立婚姻观　在孩子成长的初期阶段，我们就可以看出他对爱情和婚姻的期望，当他表现出期望时，我们千万不要以为那是与成年人一样的性冲动，这说明他已经将自己视为社会的一分子，爱情和婚姻是他对未来憧憬中的一部分。

孩子会在自己的头脑中形成对爱情和婚姻的理解，他们有自己明确的态度。孩子可能会很早就表现出对异性感兴趣，而且会有意地去接触异性，我们不能将这种行为视为是错误的，或者认为这是早熟的表现，更不能因此而嘲笑孩子，而应该抓住机会帮助孩子做好面对爱情和婚姻的准备。我们要赞同孩子的做法，这样才能让他们明白爱情是美妙的，所有的人都会享受到爱情的滋润，所以做好准备是非常有必要的。如果每个人都能这样教育孩子，在不久的将来，所有的人都会维护一夫一妻制，即便父母的关系不好，也不会让孩子成为无辜的牺牲品。

我不赞成父母过早地让孩子了解性关系，或者让孩子知道一些他们还难以理解的性知识。孩子对婚姻的态度会影响孩子以后的发展，如果我们没有帮助孩子树立一个正确的婚姻观，孩子可能会对婚姻产生恐惧。根据以往的经验，如果孩子在五六岁对性知识就有了一定的了解且思维比较成熟，那么他们在以后的成长过程中就很容易在爱情方面遭遇挫折。在处于儿童期的孩子眼里，来自异性的身体吸引力是一件危险的事情。孩子在成熟之后开始接触异性，他们就不会觉得害怕，在处理男女问题上也会比较妥当。如果孩子向你问起有关性的问题，千万不要为了隐瞒而欺骗孩子，也不要刻意回避他们的问题，要弄清楚潜藏在这个问题背后的意义。在回答孩子的问题时，要考虑到孩子的理解能力和理解范围，如果给孩子灌输了不科学的性知识，会给孩子带来更大的危害。

　　关于恋爱问题，可以让孩子自己寻找答案。孩子可能会受到别人言论的影响，所以父母与孩子之间应该建立起互相信任的关系。一个健康的孩子想要误入歧途也是不容易的，孩子也有自己的是非观。如果他们很信任自己的父母，就不会轻易相信别人的谬论，他们也会拿着自己怀疑的东西向父母请教，不过有些孩子对于这些问题会比较羞涩，不太愿意开口。

　　孩子在童年时期就已经对异性吸引力有所认知，比如爱与吸引，异性带给他们的感觉。男孩周围的女孩会给男孩留下一种印象，男孩的头脑中就会形成一种他感兴趣的异性吸引力模型，在以后的生活中他都会被这个模型影响，哪怕是一件艺术品，也会对他产生影响，每个人的审美观是不同的，这些都会对他的生活产生影响。我们也可以这样理解：一个人一旦受过某种训练，在以后的生活中就会失去对这类事情选择的自由，并不是别人剥夺了他的自由，而是已经形成了某种习惯。即便失去自由，这种对于美的追求也是有价值的，我相信每个人的审美观都是建立在个体健康的基础上，当然，不只是审美观，人类的一切功能和能力都遵循这个原则。我们都希望自己觉得美好的事物可以长长久久，我们也希望孩子的审美也可以朝着这个方向发展，这就是人类审美观前进的动力。

如果在一个家庭中，女孩没有和父亲建立亲密关系，或者男孩没有和母亲建立亲密关系（在夫妻关系不好的前提下，这种情况是很常见的），那么孩子在选择异性朋友或者伴侣的时候就会选择与父母的性格相反的人。假如男孩的母亲是个爱挑剔的人，他自己又是个怯懦的人且讨厌母亲的管制，他就会比较喜欢性格温顺的女生，在选择配偶时，他也会偏向于这样的女生。但是，这样促成的两性关系是不平等的，他们的婚姻也不会幸福。如果一个人想要证明自己并不怯懦，他可能会找一个看上去很强悍的人做伴侣来满足自己想要挑战的欲望，但是不排除他本来就喜欢这样的人。如果男孩和母亲之间有着不可调和的矛盾，这个男孩在以后的爱情和婚姻中也会遇到很大的问题，甚至有可能不会对异性产生兴趣，最终导致性欲错乱。

下面我们来说另一种情况。如果父母的关系很和谐，而且恩爱有加，那么孩子对爱情和婚姻的准备就会做得很好。孩子对婚姻的最初印象是从父母那里得来的，如果一个孩子出生在感情破裂的家庭里，他很有可能也会成为一个婚姻失败者，这是很好理解的。夫妻之间总是存在摩擦，那么他们也没有心情和精力好好教育孩子如何与别人合作。我们通常将一个孩子的家庭是否和睦，他是否接受过与人合作的训练作为判断一个孩子是否适合婚姻的标准，这个标准还包含他对待父母和其他家庭成员的态度，同时还需要确定的是他是在何种情况下获得对婚姻的最初印象的。当然，环境不能影响一个人的全部行为，重要的是他对所处环境的态度。也有这种情况：一个孩子亲眼见证了父母的不幸婚姻，所以他不想这种悲剧再次发生在自己身上，他会有意识地锻炼自己与他人合作的能力，期待自己能够拥有一份和谐的婚姻。所以我们不能因父母失败的婚姻就断定孩子必然遭受婚姻的打击，从而剥夺他追求爱情和婚姻的机会。

生活中不乏自私自利的人，或许他从小就被父母灌输这样的思想，所以他整天想着如何才能从别人那里获得快乐。有可能在结婚之后依然向往自由自在的生活，对伴侣不闻不问，这样的做法当然是愚蠢的，但不是罪恶，只是用了错误的方法解决问题。面对爱情和婚姻，我们不能只看重自己的利益而不愿意承担任何责任。

充满怀疑的婚姻也是不幸福的，我们应该带着一颗赤子之心与另一半合作经营婚姻，能够做到这一点，就能体会到婚姻的美妙之处。然后还要把这种恒心延续到孩子的身上，要对孩子负责，给予他们良好的教育，帮助他们学会合作，成为一个合格的公民，让他们的婚姻更加美满。在婚姻生活中，我们不能只保留自己喜欢的东西，经营婚姻的基本原则就是懂得合作。

如果我们对自己的责任设定了年限，那么婚姻对于我们来说就是一个任务、一个待完成的实验，这种心态无法令我们获得真正的爱情。有的人在结婚之前就已经给自己留好了退路，这就说明他不会在这段婚姻中付出自己的全部。其实不管我们做什么事，只要有退路，我们就不会认真对待。婚姻中不负责任的一方必定会给另一方带来巨大的伤害，受伤害的一方不再对另一半抱任何希望，他（她）也不会再付出自己的忠诚。现实中，我们要面临的问题太多，想要根除，实属不易，如果因为这些问题就要放弃爱情，绝对是不可取的。要想获得甜蜜的爱情，就必须付出诚心、专一和毫无保留的爱。如果夫妻双方都向往自由的生活，他们就无法坦诚相待，或许他们之间根本没有爱情。爱情必然会给我们带来一些束缚，只有合作才能享受到爱情的甜蜜。

下面我们将通过一个案例来说明缺乏合作不仅会影响夫妻关系，还会损害双方的利益。两个离过婚的人走到了一起，他们都接受过高等教育，并且渴望拥有一段幸福的婚姻，至少比上一段幸福。遗憾的是，他们都没有想清楚上一段婚姻破裂的原因，虽然一直在寻找解决问题的办法，可从来没意识到自己缺乏的是合作精神。他们都渴望自由，所以约定婚后按照各自的想法生活，可以做自己喜欢的事，前提是要互相信任，向对方坦白过往的经历。丈夫很配合这个约定，他把自己的风流事都告诉了妻子，妻子也不生气，反而很享受这个分享的过程，还将丈夫的风流过往视为丈夫的骄傲。听了丈夫的叙述，她也想模仿丈夫的行为，与不同的人建立恋爱关系，就在决定行动之前，她患上了公共场所恐惧症，不敢出门，只要离开屋子半步，就会觉得不舒服。这样的症状看上去好像是因为她的计划引起的，其实是因为她不敢独自外出。如此一来，丈夫只能留在她身边照顾她。很明显，他们之前的约定不奏效了，丈夫因为要照顾妻子而无法自由活动，妻子因为不敢出门也无法自由活动。如果妻子想要恢复健康，就必须弄清楚婚姻的含义，当然，丈夫也要明白婚姻需要合作。

其实，人们的很多错误是在结婚之前就已经存在了。一个被宠坏的孩子在结婚之后总是觉得对方冷落了自己，他们适应不了这个新的环境，所以他们变得喜怒无常，对方也会感到压抑，长此以往，对方就会反抗。两个被宠坏的人结合了，矛盾就会更多了。被宠坏的人都希望得到别人的关心，但从来不会为别人考虑，这样的情况导致的结果就是：他们中的一方会选择与别人暧昧不清，这样或许会引起丈夫或妻子对自己的注意和关心，他们享受这个过程，享受从一个人身边逃到另一个人身边的感觉，可是这种不忠的行为只会导致悲剧的发生。

爱幻想的人对爱情的印象是模糊的，他们想象中的爱情是浪漫的，他们为自己的爱情编织了一个梦幻的场景，所以在寻找爱情时总是脱离实际。如果一个人对另一半的期望值太高，那么他（她）就很难与别人建立恋爱关系，因为他（她）过于挑剔，总是觉得别人配不上自己。有些人（女性偏多）很容易在自身的发展过程中形成消极的人格特征，他们会给自己心理暗示：异性都是讨厌的。这样的心理限制阻碍了心理机制和身体机制的发展，如果这种心理得不到修正，那么他们可能就不会走进婚姻的殿堂了。这种错误的心理机制发生在女性身上就是对男性的崇拜。在如今的社会中，男性地位仍然比女性地位稍高一些，所以很多女性都有错误的认知。如果一个女孩对自己的性别不自信，她一定会缺乏安全感。只要男性依旧被社会视为最重要的角色，那么无论孩子是男是女，他们都会对男性产生钦佩的感觉，甚至还会怀疑自己有没有能力扮演好自己的角色，并不断强调男性的重要性。除此之外，他们很排斥别人对于自己的角色评价，这就导致很多女性对男性缺乏兴趣，男性可能会出现由于心理问题引发的早泄症状。这些人会对爱情和婚姻产生抗拒，这样的抗拒会引发一系列问题。想要将这些问题从根本上解决，必须做到真正的男女平等。我们现在只能补救这些问题，补救的方法便是强调男性与女性的地位平等，并且还要增加这方面的训练，更重要的是，我们不能让自己的后代也对自己的性别产生怀疑。

做好爱情和婚姻的准备　我认为，男女双方在婚前避免性行为是对婚姻最有力的保障。我们曾经做过一项调查，结果显示大部分男性都不希望自己的另一半在婚前与别人发生过性关系，他们很在意女性的贞操，有些男性甚至无法理解女性在婚前失贞。如果男女双方在婚前发生了不该发生的性行为，那么受伤的多半是女性。假如促成男女双方结婚的因素是恐惧而不是发自内心的渴望，这样的婚姻也不会幸福。若是在婚前不能克服内心的恐惧，他们就不会对彼此付出真心。如果夫妻双方中的一方在受教育程度上不如另一方，受教育程度低的一方也会产生恐惧心理，婚姻对他（她）来说是一件恐怖的事情，这种心理会让他们十分想要对方崇拜自己。

在培养孩子的社会兴趣的过程中，鼓励他们与别人建立友情是十分有效的手段。在友情中，孩子可以体会到什么是以诚相待，还可以体会到他人的心情和感受。如果一个孩子性情孤僻，无法感受到来自朋友的温暖，那么他在遇到困难时就只会想到依赖父母。做任何决定时，他都不会考虑别人的感受，因为他觉得自己是最强的，可以掌控一切。对友情的培养可以作为建立婚姻的基础，培养友情的过程其实也是在锻炼孩子的合作能力。我们经常发现孩子抱着超过别人的心理和朋友们一起做游戏，如果我们能把孩子们组织在一起，让他们共同读书学习，这是一件非常有意义的事情。或许我们可以培养孩子对舞蹈的兴趣，一般来说，舞蹈是需要两个人合作完成的，这种方式可以有效地锻炼孩子的合作精神，当然我们这里说的舞蹈是双人舞，不是群体舞。

职业也是测试一个人是否具有结婚的前提条件的一个方面，在当今社会中，我们应该在结婚之前就把职业这个问题解决掉，也就是说，夫妻双方都应该有属于自己的事业，这样才能为家庭提供经济支持。

我们还可以通过一个人在与异性接触时是否表现得足够勇敢来判断他（她）能不能与异性合作。每个人都有自己的一套与异性接触的方式，或是小心翼翼，或是充满热情，具体做法与他（她）的生活方式一致。我们可以根据一个人在恋爱时表现出来的气质，推断出他（她）对人类的未来是否有信心；他（她）是否具有与人合作的能力；他的兴趣是否只集中在自己身上；在追求异性的时候会不会临阵脱逃，并不断地思考"我将要面临什么，别人会不会对我有看法"。当然我们不能仅仅凭借一个人在追求异性时的表现就断定其适合结婚或者不适合结婚。在求爱的过程中，人们心中只有一个信念——勇往直前，如果是在其他情境下呢？他（她）会不会是个优柔寡断、畏首畏尾的人呢？

我们都希望男生可以主动一点，在确定恋爱关系之前可以先示爱，只要这种社会背景依旧存在，就要将男生培养成为主动且勇敢的人。这样做的前提是男生可以意识到自己是社会的组成部分，社会的整体利益与他们的个人利益相关。此外，并不是说女生主动求爱是不正确的，而是在如今的社会中，大部分的女生还是比较被动的。我们可以通过一个女生的穿衣打扮和言谈举止来判断她对异性的态度。

由此，我们可以得出这样一个结论：男性在接触女性时，他们的态度是简单明了的；女性在接触男性时，她们的态度是复杂而矜持的。

增强自己对异性的吸引力是很有必要的，但是这项训练要遵循人类幸福法则。如果夫妻双方能够保持对彼此的兴趣，那么他们之间存在的性的吸引力就不会轻易消失；如果消失了，那就说明夫妻双方不再是平等友好的关系，也失去了合作的兴趣。

还有一种情况是这样：夫妻双方对彼此的兴趣还在，但是他们之间的性吸引力却不在了，其实这种情况并不是真实的，在人们头脑不清醒的情况下会刻意隐瞒一些事实。如果夫妻双方确实在性方面遇到了困难，只能说明他们之间的合作出现了问题，可能只是暂时觉得对方很无味，或者是其中一方不想再把时间和精力放在解决婚姻中的问题上，只是想着逃避。

在性驱动方面，人类与动物的区别在于人类的性驱动是一种持续的状态，这一特点为人类的繁衍提供了有力保证，这也使得人口数量在不断增加。整体社会都能安然度过各种天灾人祸也是因为这一特点。动物延续生命的方式与人类不同，很多雌性动物都能够大量排卵，在孵卵的过程中，有些卵会被破坏，有些卵可以存活。人类延续生命的方式是养育后代，这也是爱情和婚姻中最让人关注的部分。如果夫妻双方中有一方表现出对同类的冷淡，那么他（她）可能会排斥养育后代这件事，因为他们只把注意力放在自身利益上，不愿意付出自己的真心，自然也就不会对孩子感兴趣，孩子对于他们来说是一种负担和麻烦，养育孩子只会给他们带来困扰。因此，我们也可以这样理解：在一段幸福的婚姻中，养育孩子是至关重要的环节，所有想结婚的人都应该明白这一点。

维护爱情和婚姻　在当今社会中，我们倡导的是一夫一妻制，夫妻双方必须付出真心才能为婚姻关系的稳固打下基础。当然，这并不意味着婚姻就能永固，我们应该将婚姻视为一项工作，这样才能想出各种办法解决遇到的问题。

破裂的婚姻源于夫妻双方没能尽力维护合作关系，他们只想从对方那里索取自己想要的东西，这样的婚姻注定会失败。

对爱情和婚姻抱有过高的期望是不可取的，但是将婚姻视为爱情的坟墓更是愚蠢的。婚姻是两个人共同生活的开端，只有通过结合的方式才能真正接触到生活和工作，才能为人类社会做出贡献。此外，社会中还充斥着这样一种观点：婚姻是爱情的终点。在很多有关爱情的影视剧中，都设有这样的桥段：男女主角从相识开始，结局就是步入婚姻殿堂。这类作品似乎都在传达这样一个信息：只要结婚，一切就圆满了。在这里，我们还需强调一点：爱情不能解决所有问题，爱情可以分为很多种，想要让婚姻保鲜，就要把注意力放在工作、合作以及双方的兴趣上。

婚姻并不是一件高深莫测的事情，每个人对于婚姻的看法都体现了他们的生活方式。如果我们对自己的另一半非常了解，那么我们对婚姻的看法也会相对全面一些。还有很多人想要摆脱婚姻的束缚，那是因为他们都是被宠坏的孩子，现在长大了，但是他们对社会的危害一直存在。

儿童在四五岁的时候就已经形成了较为稳定的生活方式，他们一直都有这样的想法："如果不能得到自己想要的东西，做什么都是没有意义的。"其实，他们是悲观主义者，他们都想过死亡，在别人看来，他们似乎有些神经质，总是从自己错误的生活方式中总结出"真理"。社会环境总是会抑制他们的情绪和欲望，所以他们痛恨一切。小时候的生活是多么幸福，他们可以轻而易举地得到自己想要的东西，直到现在，他们当中还有人认为只要自己大声呼叫，表达出心中的怨恨，只要不和别人共享，仍旧可以得到自己想要的一切。他们就是这样看重自己的利益以至于完全不顾及社会的整体利益，直至完全丧失做贡献的能力，而后渐渐变得贪婪。他们对于婚姻的理解也是很肤浅的，只是想尝试一下结婚是什么感觉，他们随时准备离婚，或者他们在婚前就已经和对方协议好，夫妻双方是自由的，可以不对对方忠诚。如果他们之中有一方对对方感兴趣，那么他（她）就会对对方负责，还会很专一。所以，在婚姻中没有得到幸福的人应该反思一下自己在这段关系中犯了哪些错误。

在婚姻生活中，我们还要关心孩子在这个家庭中是否能够感受到快乐，如果这段婚姻不是以真心诚意为前提，那么这对夫妻一定会在养育孩子方面出现问题。如果父母不看重婚姻的质量，总是发生争执，而且出现矛盾也不及时解决，这样就会给孩子带来恶劣的影响。

有些夫妻会为自己不能继续生活在一起找各种借口，或许分开对他们来说是一件好事，可是谁来做这个决定呢？总不能把决定权交给从来没有接受过相关教育，对婚姻懵懵懂懂，只顾自己感受的一方吧，这样的人只会考虑结婚和离婚于他们而言有何好处。那些频繁结婚又离婚的人总是重复犯同一种错误。那么究竟应该找谁来解决这个问题呢？有人说精神病专家可以解决婚姻中出现的问题。我不知道其他国家是什么情况，但我知道欧洲的有些精神病专家是主张注重私利的，如果你带着这个问题去咨询他们，他们会告诉你："找个情人吧，这就是解决问题的最好方式。"这当然不是一个可行的意见，他们之所以会这么说，是因为不了解当事人婚姻的来龙去脉，这其中的每一层关系都值得推敲。

有的人认为婚姻问题仅仅凭借一个人的力量就可以解决，这种想法也是错误的。欧洲的精神病专家在治疗患有精神病的男孩和女孩时，也会建议他们去找情人或者鼓励他们与别人发生性关系。对待成年精神病患者也是如此。在这些专家看来，婚姻和爱情是无比美好的，所以面对这样的建议，病人很迷茫，甚至手足无措。

婚姻是值得我们追求的崇高理想，如果想要解决婚姻中的各种问题，就需要全身心地投入。通常情况下，有心理疾病的人无法妥善地解决这些问题。

一般来说，婚姻破裂给女性带来的伤害较大，因为在这个社会中，男性能够享受到的自由相对较多。这并不是一个好现象，但是我们无法凭借自己的力量改变什么。在一个家庭中，个人的抵触情绪可能会扰乱各种社会关系，而且还会让伴侣感到无趣。想要改变当下的情况，就要搞清楚社会在这方面的普遍认知。罗席教授做过一个调查，结果显示 42% 的女性想要变成男性，这表明她们对自己的性别不满意，并且对男性享受到的自由表示抗议，这样的情绪显然不利于她们解决婚姻和爱情中的问题。如果在一个社会中，女性的地位一直低下，人们的普遍观点是男性本来就是一种强大的动物，女人是男人的附属品，男人的不专一是情理之中的。只要这样的观点还存在，爱情和婚姻的问题就永远无法得到解决。

　　人类社会并不是从出现起就实行一夫一妻制或一夫多妻制。在这个世界上，人类被分为两种性别，而且我们要与周围的人形成互利平等的关系，这就说明只有一夫一妻制才能让我们拥有美好的爱情和婚姻。

· 阿德勒经典语录 ·

　　对别人不感兴趣的人，一生中会遇到很多困难，也会对别人造成很大伤害。所有人类的失败都出于这种人。

附　录

家长给予的安全感，是孩子获得健全人格的基础（卡伦·霍妮）

霍妮和弗洛伊德都认为童年早期对人格的形成有很大影响，但对于人格如何形成，两人的观点有所不同：霍妮认为童年时期的社会因素（而非生物因素）影响人格的发展，其中，孩子与父母的关系是最关键的因素。

一、被需要与被喜爱可以增强孩子的安全感

霍妮认为童年期的孩子主要受安全需要的主导。安全需要指的是对安全感及规避恐惧的需要。孩子在婴儿期体验到的是安全感还是恐惧感，这将决定其人格能否正常发展。孩子的安全感源于父母对待孩子的方式，父母没有给予足够的关爱极易导致孩子失去安全感，这也是霍妮的童年境遇。

霍妮认为，只要孩子感受到自己被喜爱和被需要，他们就可以承受创伤的影响。例如，突然断奶，父母的偶尔惩罚，甚至是过早的性行为，这些都不会给孩子带来病症，因为他们始终有安全感。

二、父母的不当行为会削弱孩子的安全感

父母的不良行为　生活中，父母会通过各种行为削弱孩子

的安全感，孩子也会因此对父母产生敌意。父母的不良行为包括对孩子兄弟姐妹的偏爱，对孩子施以不公平的惩罚，不遵守对孩子承诺，嘲讽和羞辱孩子，主观地将孩子与其同龄伙伴分离开来。其实，孩子知道父母对自己的爱是否真诚，不真诚且敷衍的爱很容易被孩子识破，不过孩子可能会因为无助、父母的威严、内疚感而抑制自己对父母的敌意。

霍妮强调儿童的无助感，但与阿德勒不同的是，她认为不是所有孩子都会有无助感。无助感一旦产生，就很有可能导致神经症行为。孩子的无助感源于父母的不良行为，如果孩子极度依赖父母，那么他们的无助感便会增强，他们越是无助，越是不敢反抗父母，越是会压抑自己的敌意。换言之，就是"因为我需要你，所以我会压抑自己的不满"。

父母的训斥、体罚及一些微小的恐吓都会给孩子带来恐惧感。孩子在感到害怕的时候会极力压抑心中的敌意。

孩子会压抑自己心中的敌意　令人意想不到的是，爱也是孩子压抑对父母的敌意的原因。有的父母总是告诉孩子自己有多爱他们，为了他们做出了多少牺牲，但这样的灌输会让孩子觉得父母对自己的喜爱不是真的。有些言语和行为并不能代替孩子需要的安全感，可是孩子仍旧压抑自己心中的敌意，因为这已经是他们能够得到的全部，他们不想连这些都失去了。

内疚感是孩子压抑心中敌意的另一个原因，他们会因为自己的反叛和对父母的不友好而感到内疚，也会因为自己对父母的怨念而觉得自己没有价值，越内疚，越会压抑心中的敌意。

父母的各种不良行为削弱了孩子的安全感，下面我们就要谈一谈孩子在失去安全感之后的表现，也就是我们要进一步探讨的基本焦虑。

基本焦虑　霍妮将基本焦虑定义为"在充满敌意的世界里，不知不觉增长起来的、无处不在的孤独感和无助感"。神经症的基础就是基本焦虑，我们在前文也说到孩子一旦产生无助感就很可能导致神经症行为。基本焦虑与敌意、无助感以及恐惧感密不可分。霍妮这样形容基本焦虑带给我们的感觉："我们总是感觉渺小、微不足道、无助、被抛弃、有危险，处于一个充满虐待、谎言、攻击、羞辱和背叛的世界。"

孩子在童年时期会用这四种方式保护自己不受基本焦虑的困扰：争取他人的关心和喜爱、顺从他人、获得某方面的权利、躲避不想面对的人和事。

孩子之所以想要争取他人的关心和喜爱，是因为在他们看来"如果你爱我，就不会伤害我"。争取爱的方式有很多，比如和别人一起做别人想做的事情，收买别人，或者威胁别人对自己好。

顺从是自我保护的一种方式，需要我们遵从社会环境中的某些人或某些事。顺从的人不会违背别人的意愿，也不敢批评或者指责他人，他们会一直压抑自己的欲望，因为只有这样才不会让施虐者反感，他们同样也不敢回击施虐者。大部分顺从者都认为自己是无私的，为了任何人都可以牺牲自己的利益。霍妮在九岁之前一直秉持这样的观念。

获得某些方面的权利之后，就可以通过优越感补偿无助感和安全感，想要获得权利的人通常这样认为：只要有权利，就不会受到伤害。

以上三种自我保护的方法都是通过与他人的相互作用来对抗基本焦虑，第四种躲避的方法指的不是身体上的躲避，而是心理上的躲避。他们试图脱离他人而存在，希望不依靠他人就可以满足自己的需求。例如，一个人拥有了很多物质财富，那么他就可以通过这些物质财富满足外在的需求，但是这个人已经被基本焦虑压抑得无法享受财富带来的快乐，因为物质财富对于他来说是唯一的保护伞，所以他必须把所有的精力都放在保管这些财富上。他们通过躲避他人来实现自己的独立，不再需要他人来满足自己的情感需求，这样会使得他们的情感钝化或者虚化。其实他们就是通过放弃情感来保护自己免受伤害。

这四种方法的唯一目标就是抵御基本焦虑，它们是在帮助人们寻找安全感，而不是幸福和快乐的感觉。这只是避免伤害的方法，而绝非是通向幸福的道路。

这四种自我保护方法的另一个特点体现在它们的力量和强度上。霍妮认为对这些方式的需求比生理需求更为强烈，人们可以通过这些方法减少焦虑，但为此也要付出相应的代价——个人会形成没有任何特点的人格。

父母要提高自身素质，营造良好的家庭心理氛围　家庭心理氛围指的是家庭成员在长期的共同生活中营造出的一种对家庭成员有重大影响的心理环境。这种氛围是由家庭成员共同构成的，但最关键的因素是夫妻关系。霍妮认为，家庭成员的关系不和谐，父母无法和睦相处会让孩子感到压抑，从而形成焦虑、自卑、紧张等消极情绪，这些消极情绪会影响孩子的人格发展；反之，孩子就会有安全感。

在霍妮看来，父母和孩子之间的隔阂多半是由父母造成的，父母奇怪的行为、不稳定的情绪、畸形的爱、对孩子的不理解，以及父母本身的心理问题都会让孩子感到压抑。因此，提高家长的素质也是儿童人格教育的重要内容，这里所说的素质包括文化素质和心理素质，父母的言行举止潜移默化地影响着孩子的心理发育。如果父母的文化素养高，他们也会对孩子有很高的要求，他们的求知欲会增强孩子的学习积极性，也可以在学习方面给予孩子指导，帮助孩子适应社会并形成良好的人格。

霍妮还提出，有神经症心理障碍的父母对孩子的心理需要很不敏感，但孩子对父母的心理变化常常能够做出迅速的反应，父母的心理障碍也会映射到孩子身上。因此，父母在教育孩子的时候，如果想要改变孩子的某些行为和想法，首先要考虑自己能否做出改变，努力让自己变得豁达、通透、坦诚，只有这样才能为孩子创造一个良好的家庭环境。